四季花草混栽 205 例

日本尾崎花卉园 编   于蓉蓉 译

（中国人民大学书报资料中心）

机械工业出版社

CHINA MACHINE PRESS

前言

日本尾崎花卉园（OZAKI FLOWER PARK）是一家从生产园艺植物起家的园艺专卖店。

如今，来店里的顾客对当季的花草和混栽等需求在不断增加。

有无限种搭配花草的混栽方法。我想许多人在开始时都不知该如何下手。实际上也有很多顾客问过我该如何搭配花草这样的问题，我也给出了许多建议。

本书为了降低难度，一开始便通过示例来介绍如何选择主花材和搭配配花材。

这样一来，选择范围就会缩小，再加上本书中的重点解释，读者就可以简单地搭配花草了。

主花材可以在任何一家园艺店买到。如果实在没法买到，可以咨询园艺店有没有类似的花草。我想不管哪家园艺店都会给出许多建议的。

如果本书能为混栽兴趣爱好者们提供些许帮助，我会感到十分荣幸。

目录

Contents

第一章 混栽的基础

第二章 春季混栽

←第2页混栽的植物
右
花毛茛／紫罗兰／樱草／堇菜／
龙面花／彩桃木／常春藤／牛至

左
报春花／龙面花／三叶草／香雪
球／紫金牛／吉祥草／银旋花

Mini Gardening in a Pot

本书的使用方法

本书是按春、初夏、秋、冬的混栽划分章节。

各章中以作为花材使用的花和彩叶为单元进行讲解。

这里介绍第二至五章和书后的商品名录的使用方法。

✳ 四季的混栽

❶植物名
记载了植物常用名和学名等，同类植物会在（ ）内记载。

❷使用花盆
记录着混栽使用的花盆的材质、尺寸，不包括篮子提手等的尺寸。

❸混栽要点
解说主花材的处理方法和特征、混栽的诀窍、养护的方法，以及需要注意的要点。

❻步骤
用图片解说混栽操作的步骤。

❹规划
显示混栽使用的植物的名称和数量，有些植物名后面的（ ）内会标明园艺品种名或商品名。

❺示意图
植物种植位置示意图。示意图上的数字为规划中对应的编号和植物名。

❼示例
介绍使用了主花材的混栽示例。使用的植物在图片内有对应的编号。

✳ 混栽植物商品名录

❶石竹
石竹科　多年生草本　🔼◀
花期 4~8月
高度 10~60cm　花色 ●●○

品种繁多，花色、花期、株高各不相同。鲜艳的色彩和锯齿状的花瓣赋予它出色的存在感。

❶植物名　记载了植物的常用名和学名等。

❷植物数据

科名：植物分类学上的科名。
类型：分为一年生草本植物、二年生草本植物、多年生草本植物（宿根草本植物）、球茎植物、灌木。生长类型见第10页。🔼：会长高。
🔽：会变得茂盛。🔼：会下垂。

◀：会延展生长。
花期：记录着开花时间和观赏期。本书记录时间以日本关东以西的平原地区为基准，不过也会因天气和栽培环境不同有差别。
高度：记录着混栽使用植物的高度。
花色：主要花色。

❸特征　植物相关特征和混栽要点。

第一章

混栽的基础

混栽开始前，首先要考虑植物的特性和颜色。基本上所有植物的搭配思路是相似的。

混栽的要点

混栽首先要确定使用的主花材。决定好后，就要考虑如何让主花材更引人注目，要记住以下4个要点。

混栽的 **4** 个要点

根据花材的颜色和形状等，确定一种要使用的主花材。

要点❶
确定主花材

首先，让我们确定一种要使用的主花材。虽然主花材可以选用几种，但数量越多混栽难度越大。确定主花材的关键是你是否喜欢它的外观。如果你喜欢某种花材的颜色、形状等，那么就去查一查它的花期和特性，以及长成后的高度等（参见第10页、第148～152页）。

高型混栽更立体，从正面观赏更为清爽。

茂盛型混栽可以使用多个主花材，不论从哪个角度观赏都能感受到植物的欣欣向荣。

要点❷
确定混栽类型

接下来要根据花材的高度和特性，选择混栽类型。基本的混栽类型有高型混栽和茂盛型混栽。高型混栽更立体，从正面观赏更为清爽。而茂盛型混栽不论从哪个角度观赏都能感受到植物的欣欣向荣（参见第15页）。

要点❸
选择配花材

选择能够突显主花材的配花材。先从整体考虑想要做出怎样的混栽，然后根据主花材，选择能突显主花材形状、颜色和大小的配花材进行搭配。如果单独种植主花材可能会略显单调，所以要搭配不同种类的其他花草。这样就成了花色和叶形各异的混栽了（参见第10页、第153~157页）。

选择和主花材颜色反差极大的配花材。

选择和主花材颜色相近但品种不同的配花材。

结合花盆和混栽的意境，选择有垂感的配花材。

要点❹
选择花盆

确定要种植的花草后，就可以选择花盆了。和选择配花材相同，在选择花盆时也要选择既能突显主花材，又有质感的花盆。花盆的大小取决于幼苗根坨的大小，选择可以容纳幼苗根坨的尺寸，或者大一圈的尺寸。赤陶（无釉）、水泥等材质的花盆过于笨重，也可以选择易于搬动或容易购买到的花盆（参见第16页）。

赤陶花盆有自然的意境，适合许多混栽方式。

镀锡铁制花盆质感轻，色彩丰富，能营造出古色古香的意境。

花草的选择

在开始混栽前，先弄清楚要使用的花材类型和花期，可以通过观察幼苗来判断花草的生长类型，在书后的商品名录（参见第148页）或商店可以查到花期。

花草的生长类型和使用方法

▲高型

这类植物能长得很高，笔直向上生长。在混栽时，可以打造出有高低层次差的立体效果。多用在花盆的后景，或种植在中央用于打造上层和中层景观。

主花材 英国薰衣草、欧石南、西方毛地黄、大丽花、羽扇豆等。

▲茂盛型

这类植物在茁壮生长后十分茂盛。使用多种此类型的植物可以打造出茂盛感，多用来打造高型混栽的中层或下层景观。

主花材 金雀花、舞春花、三叶草、百日菊、喜林草、矮牵牛、堇菜等。

▲垂感型

这类植物横向或向下伸展并垂悬在花盆外。混栽时，可以种植在花盆边缘，以消除种植面与花盆之间的边界线，使整个混栽看起来浑然一体。

主花材 香雪球、活血丹、多花素馨、常春藤、珍珠菜、千叶兰等。

▲延展型

这类植物向上或向侧面延伸。当混栽植物稀少时，可用来填充空间，也可以用来营造混栽的动感或流动感氛围。

主花材 屈曲花、牛至、帚石南、薹草、雪朵花、木茼蒿、鹅河菊等。

选择花草的要点

✳ **区分好苗和坏苗的方法**

对所有花卉来说，区分好苗和坏苗的方法基本相同。
选择、种植好苗是使混栽观赏期更长的关键之一。

坏苗
- 即使开了花，下面能开放的花蕾也很少
- 茎纤细，节与节之间距离大
- 叶子颜色浅或已枯萎

好苗
- 下面有很多花蕾
- 颜色深或没有变色的叶子
- 茎粗壮，节与节之间距离短

调查植物的特性

播种后1年内开花，1年内枯萎的植物被称为一年生草本植物，2年内枯萎的被称为二年生草本植物。此外，地上部枯萎后能再次生长的，一般被称为多年生草本植物（宿根草本植物）或者球茎植物。即使是多年生草本植物也会每年枯萎，因此以前也被视为一年生草本植物。此外，混栽中也会使用园林中的灌木。

该混栽的主花材为雏菊，配花材为多年生草本、灌木。

调查花期

花期因植物而异，有的花在春季和秋季都开花，有的只在春季或秋季开花。如果幼苗有标签，就可以从标签上获得植物花期的信息，但如果没有，可以询问花店的工作人员。如果将花期重合的花搭配起来，就可以搭配出多花混栽。相反，如果使用花期错开的植物做混栽，则可以长时间不间断地观赏。

花期重合的木茼蒿、龙面花、雪朵花搭配出来的豪华阵容。

颜色的搭配

花和叶的颜色都会影响混栽的意境。不同颜色组合，搭配出的效果会发生巨大变化。这里有一些关于如何搭配颜色的技巧。

选择颜色

不同亮度和饱和度的颜色给人的印象不同，所以最重要的是根据色调来搭配颜色。

颜色使用规则是颜色搭配的诀窍

在考虑颜色搭配时，首先要看主花材的颜色，然后搭配颜色相匹配的配花材，这是基本的搭配方法。如果遵循这个颜色使用规则，混栽就不会失败。

颜色使用规则

- 使用单色系或是类比色系
- 加入补色系让主花材引人注目
- 配合色彩的色调（亮度）
- 把颜色数量控制在2~3种
- 颜色之间的过渡需要配色

通过色轮来了解颜色

在颜色使用规则下，色轮是实际考虑颜色组合时的参考。色轮是不包括白色、黑色和灰色在内的颜色环。相邻位置的颜色被称为"类比色"，相对位置的颜色被称为"补色"。利用等边三角形在色轮上取色被称为"三元配色"，是很好的配色方案。

补色
取色轮上相对位置的颜色。可以达到相互衬托的效果。

单色
属于同一个色系，但亮度和饱和度不同。很容易协调，并能营造出统一感。

类比色
取色轮上相邻位置的颜色。色彩融洽，易于协调。

白、黑

可以与任何花色搭配，并具有连接其他颜色、突出其他颜色的效果。

亮度
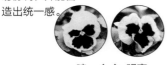
暗 ⟷ 明亮
颜色明亮的程度。亮度高时能让人感到柔和明快，亮度低时能让人感到厚重和雅致。

饱和度

高 ⟷ 低
颜色鲜艳的程度。饱和度高时能让人感到华丽，饱和度低时能让人感到平和。

用花中包含的颜色打造过渡色

花的中心可能具有与花瓣不同的颜色，并可能包含多种颜色。将与花朵颜色相同的植物组合起来是个不错的选择。颜色能很好衔接的混栽看起来十分协调。

双色
花色为双色。如果用这朵花作为主花材，建议搭配橙色或紫色的鲜花或彩叶。

覆轮
花的边缘为白色或黄色。建议搭配具有共同颜色元素的花材。

▲ 单色混栽

集中使用紫色系植物，并注意色彩渐变。单色往往会显得单调，所以要搭配复色的叶子，打造出雅致感。

▲ 类比色混栽

由红色、粉色和黄色组合的类比色混栽。花中心的柠檬绿与彩叶的颜色、亮度相匹配，能打造出和谐的氛围。

▲ 补色混栽

蓝色的花朵和深绿色的叶子能够突显黄色的花朵。补色混栽重要的是不同颜色的数量也要有差异。

▲ 白色混栽

花色只有白色一种颜色。各种绿色的叶子使白色的花朵脱颖而出，给人干净清爽的印象。只要控制颜色的数量，就不可能失败。

布局的诀窍

混栽基本上分为"茂盛型"和"高型"。按照基本要点操作，两者都可以顺利完成。

确定布局之前

确定花盆的正面

普通的圆形花盆不论哪一面作为正面都可以。如果有字母或简单的图案，则要将那一面作为正面。有角的方形花盆可以将角作为正面，这样看起来清爽整洁；如果将扁平面作为正面，就不能打造出立体效果，会给人单调乏味的印象。

如果花盆上2处有字，可以选择将其中一处作为正面，或是将它们之间的位置作为正面。

正方形花盆，比起将扁平面作为正面，将一角作为正面更能突显立体感。

确定花草的正面

很多植物的花和叶都会向阳生长，将向阳生长的一面作为正面是不错的选择。在确定布局前，先检查花的朝向和枝叶的分布情况，将能看清更多花和叶的一面作为正面。

花的正面。可以看到很多花，十分漂亮。

花的背面。基本看不到花，看起来很糟糕。

考虑布局

布局的诀窍是不要排列得过于整齐。与其整齐排列，不如让植株散开，使它们更有层次感。另外，颜色也需要考虑，将颜色深浅相同的植株稍微分开一些，把不同颜色的植株放在一起，看起来会更自然。

如果将右边绿色的报春花安排在中心位置，就会显得中间距离过长；而如果将左边的红色花材安排在中心位置，就会遮挡其他花材的光芒。

茂盛型混栽

▲对角线排列

在茂盛型混栽中，圆形花盆中种植偶数株植株时，相同形状和类比色系的花材呈对角线排列。

▲三角形排列

同样，种植奇数株植株时，让它们被俯视时呈三角形排列，在中心部分种植观叶植物平衡。

高型混栽

▲上、中、下层排列

不同高度的花分为上、中、下3层，并根据高低差来搭配组合。这样一来，从正面看有深邃感，同时会显得更为立体。

▲突显立体感

对于高型混栽，如果从上到下有规律地排列植株，就会让人感觉很生硬。可以稍微不规则排列，这样看起来会更自然。

花盆的选择

花盆的材质、形状、颜色不同，展现出的混栽风格也不同。同时，花盆对植物生长也有影响。了解花盆的特点，并选择与植株匹配的花盆。

赤陶花盆（无釉）

具有优良的透气性、排水性、吸水性和耐用性。赤陶的好处是植物根系不易腐烂。其自然感对任何植物都很合适。

塑料花盆

颜色、形状、尺寸等丰富，而且价格低廉，十分受欢迎。塑料花盆重量轻，因此也适合搬运。

木制花盆

因其自然感而广受欢迎。木材遇水会被腐蚀，因此建议使用经过防腐处理的木制花盆。

玻璃纤维制花盆

由玻璃纤维制成，并用树脂硬化，因此耐久性极好。颜色和设计多样，外观时尚大气。

镀锡铁制花盆

与任何植物都很相配，并且可以上漆重新装饰。因为易导热，所以要注意放置的地方。

陶制花盆

有多种颜色，如果颜色与植物协调，感觉会更好。通常透气性很差，所以不适合种植喜干燥的植物。

石制花盆

盆景常用石制花盆，给人野趣的印象，非常适合日式风格的混栽。

砼制花盆

像石头一样厚重，外观酷炫而时尚。有一定的耐久性，但容易升温变热，所以要注意放置的地方。

悬挂类花盆

一般为半圆形或圆形的篮子，可以悬挂。或是圆形的花环，也有心形和星形花环。

藤制花盆

用天然的材料营造自然感。通常里面带有一层薄膜，一般会在底部开几个口让水流出。

裂口花盆

花盆上有深缝，里面放置1块海绵。可以将花草插在海绵中，这样可以用花草将整个花盆覆盖，形成混栽的效果。

花苗的处理方法

不论哪种植物，尽可能保留根系都会让其随后的生长顺利进行。有枯叶一定要摘掉，如果要改善通风状况，可以摘掉下部叶子。

各部位的名称

从盆中取出幼苗时，带着土壤的根系部分被称为"根坨"。另外，土壤的上部和植物的根部被称为"植株基部"，靠近植株基部的叶子被称为"下部叶子"。

取苗的方法

许多幼苗是放在苗盆中出售的。移出幼苗时，要用手托着幼苗，不要让幼苗掉出来，同时握住盆底将幼苗倾斜倒出。

1 倾斜苗盆，不要让幼苗掉出来。

2 握住盆底将幼苗倒出。

整理下部叶子

如果幼苗植株基部的叶子断裂或枯萎变色，可能会引起病害，所以要从叶子基部摘掉。如果叶子向土壤一侧反向生长，也要以相同方式摘掉。另外，根据花草的情况，整理下部叶子，以防闷热。

枯萎的叶子

向土壤一侧生长的叶子

叶子向土壤一侧反向生长，将其从根部摘掉。

将叶子从基部摘下

取出苗后，检查并从基部摘掉断裂或枯萎的叶子。

抖落根坨的土壤

混栽时，要轻轻抖落根坨的土壤，尽量不损伤根系，然后定植。通过抖落土壤可以让根系散开，有利于之后的生长发育。许多根坨绕在花盆底部，这时需要轻轻将根弄松弄散，这样定植后根系更容易生长，并改善以后的生长状况。一些藤蔓植物或灌木等的细根较少，能抖落大量土壤。

1 盘绕在花盆底部的根系，需要将它们散开。

2 小心去除根坨表面和侧面没有和根缠在一起的土壤。

如果土壤表面有苔藓，一定要清除，因为苔藓会与植物争夺养分。

前　　　　　后

3 通过抖落土壤，根部更容易生长，种植空间也会相应扩大。

分株

如果花盆中种植了几株植物，或者即使切开根带来的损伤也较小，就可以将植物分成2株或多株。分株的优点是可以让布局更灵活。尤其是主花材将空间分割开时，配花材的根坨越小越适宜操作。

1 一个花盆中有多个植株时可以分株。

2 握住根坨的中心部分并将其分开，尽可能多地留下根。

容易分株的植物

- 筋骨草
- 亚洲络石
- 舞春花
- 千叶兰
- 三叶草
- 薹草
- 活血丹
- 忍冬
- 黑龙沿阶草
- 常春藤
- 薜荔
- 野芝麻
- 多花素馨
- 百脉根

3 图为常春藤，可以将其一一分开。分株后，将枝条摆开，能够看清枝条的样子，这样方便选择。

混栽的制作方法

一旦选好了主花材，基本上混栽的风格就定了。
根据风格来搭配配花材，选择花盆，然后进行混栽。

混栽的准备工作

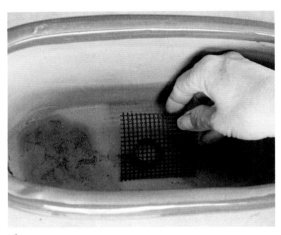

1 铺盆底网

在花盆底的孔上放置一个盆底网，以防止害虫入侵或土壤流失。可以切割盆底网，覆盖住所有的孔。

2 放入盆底石

添加盆底石以改善渗水性。如果使用轻质盆底石，就能减轻花盆的整体重量。倒入盆底石直到看不到盆底。

3 倒入培养土

混栽用或园艺用的培养土分为含肥的和不含肥的。将培养土填至花盆的1/3～1/2，在定植苗后，通过调整让根坨距盆上缘2cm。

4 倒入肥料

使用不含肥的培养土时，要加入肥料并与培养土轻轻混合。可以使用花草专用的肥料，施肥量略低于包装上标明的用量。施肥过多会导致植株衰弱。

基本混栽过程

1 考虑布局

确定花盆和花的正面，并考虑主花材和配花材的位置。注意不要使颜色排列或样式过于单调乏味。

2 徒手取出苗

定植前要摘掉枯叶或断叶，并适当去除一些叶子以防闷热。

3 抖落土壤

在不断根的前提下打散底部根系，并去除植株基部和根坨侧面的土壤。以相同的方式处理所有花苗。

4 定植主花材

一般都从主花材开始定植。在定植时，要检查花是否朝向正面，或位置是否有问题，并及时进行调整。

5 抖落配花材的土壤

对那些抖落土壤也不会出现问题的配花材，尽可能将土壤抖落以使根坨更小，更易于定植。

6 定植配花材

如果高度不一样，在种植前添加培养土调整高度。如果想让其垂在花盆外，要稍微倾斜一定角度定植。

7 倒入培养土

定植完成后，倒入培养土。将培养土倒至低于花盆上缘2cm处，留出浇水的空间。

8 用棒压实土壤

用一根棒边戳边压实倒入的土壤。压实后如果出现更多空间就继续加土，然后用棒反复戳。

9 全体调整

展开缠绕在一起的叶子，调整外观，并清理花、叶及花盆上的污垢。

10 浇水

定植后，浇足水，直至水从花盆底部流出为止，这样能使根系与土壤充分接触。

11 外观调整

如果能看到土壤，并且看上去不太美观，可以铺设棕榈纤维或水苔。水苔也有防止土壤干燥的效果。

12 完成

所有工作完成后，将花盆正面转向前方。

混栽的管理

细心呵护是长期享受混栽并保持其美丽外观的必要条件。
学会如何管理，如浇水、摘残花和施肥等。

浇水

基本上应该在土壤干燥后浇足水，直到水从花盆底流出为止。即使植物需要的水量较少，也要以同样的方式浇水。浇水时，一定要给植物根部浇水，避免水滴到花和叶上。

直到水从花盆底流出为止。

事先将水苔弄湿，根据要铺设的部位调整形状。

防止干燥

用水润湿土壤裸露部分，并覆盖上水苔。这种方法常用于干旱期或土壤暴露部分看起来很糟糕的情况。通过铺设水苔，可以抑制土壤表面的水分蒸发，防止干燥。

摘残花

一般是指将枯死的花或凋谢的残花去除。如果不摘残花，不仅外观不美观，还会影响正在开放的花。摘残花时，要从花茎处剪断。如果茎很长，就留下下面的叶子，然后从花茎的基部剪下。

摘残花前

如果花朵已经凋谢，请尽早摘掉。

摘残花后

摘残花也有助于预防病害。

修剪

修剪可以保持混栽美观，使植株恢复活力，同时增加花芽数量。春花的最佳修剪时间是雨期结束到夏末，而秋花则是在年末到早春。在修剪时要有意识地打造想要的形状，并一根一根地在节的上方修剪。修剪后别忘了施肥。

定植后

修剪前

修剪后

在生长发育的适期，植物往往因为过于茂盛而不能保持原本的形状。

修剪后不仅可以维持形状，还能改善通风状况。

肥料的基本知识

固体肥料

固体肥料一般有骨粉、油渣固化而成的有机肥，以及化学合成的氮肥、磷肥、钾肥等化肥。有机肥缓效，需要很久才能见效。化肥肥力持续时间长，一般使用花草专用的化肥。

液体肥料

液体肥料能立即被植物吸收，因此见效快，并可以根据植物的状况进行调整。这种肥料主要用作追肥，用稀释的液体肥料代替浇水，可以避免伤根。

固体肥料使用方法

在使用颗粒状固体肥料时，将其均匀分布在植株基部周围，不要碰触到茎叶，然后与土壤稍作混合。在使用固体肥料时，一般均匀撒在远离植株基部的地方，并浅埋。每1～2个月施1次，冬季每2个月施1次。

液体肥料使用方法

渐次开花的植物和快速生长的植物要每7～10d用1次液体肥料，见效快。对于悬挂植物，在定植10d后，待根系稳定后再施液体肥料，可以用喷壶浇在植株基部。

混栽的主题

不论采用哪种混栽方式，事先定好主题，开始混栽后就很容易。
下面介绍各种主题创作的作品示例。

鲜花满篮

装在篮子里的春花。将有大量花朵的紫红色石竹放在上层，以类比色镶边的石竹（瞿麦）放在中层。装饰用的点地梅、兔尾草、蔓柳穿鱼在春风中摇曳。

❶石竹（紫色婚礼）● ／❷石竹（瞿麦）◑ ／
❸点地梅 ○ ／❹兔尾草 ● ／❺蔓柳穿鱼 ●

芬芳香草园

英国薰衣草、鼠尾草和百里香的混栽。为了让主花材充满生气，不使用比主花材更大朵的花，而是由小花的百里香和绿植组成。和煦温柔又充满芬芳。

❶英国薰衣草 ● ／❷鼠尾草 ◑ ／❸百里香 ● ／
❹锦竹草 ◑

能看能吃的趣味花盆

花和叶都能食用、味道辛辣的旱金莲是主花材，搭配董菜、芥菜、欧芹和厚皮菜满满一盆。这是一组既可以看又可以吃的混栽。

❶旱金莲 ●●● ／❷董菜 ●● ／❸厚皮菜 ● ／
❹芥菜 ● ／❺欧芹 ● ／❻野草莓 ● ／❼牛至 ●

搭配容器一起观赏

在可以悬挂的鸟笼式铁丝篮中种植微型月季。独特的容器本身就很引人注目。主花材是浅粉色的微型月季，装饰在能俯视观赏的位置上，能很好地看到花朵。

❶微型月季（绿冰）● ／❷马鞭草 ● ／
❸舞春花 ● ／❹舞春花（No.29）● ／❺艾蒿 ◑

日式混栽

搭配凉爽的蓝紫色桔梗、五彩苏、斑叶芒和矾根。
不仅混栽的花材，花盆也使用日式陶制花盆，整体
配色沉稳。

❶桔梗 ◐ ／❷五彩苏（黑魔法）◑ ／❸斑叶芒 ◐ ／
❹矾根 ◑

华丽的新年装饰

使用象征吉祥的南天竹、朱砂根混栽。朱砂根的果
实和头花蓼的圆形花、樱草和南天竹一起搭配出红
白相间的图案。

❶樱草 ◯◐ ／❷朱砂根 ● ／❸南天竹 ● ／
❹头花蓼 ◯

变身圣诞树

用其他品种替代象征性的针叶树，使其看起来像一棵
圣诞树。主花材可以从花园仙客来改成针叶树。

❶花园仙客来 ●◯◐ ／❷针叶树 ◯→◐ ／❸茵芋 ●◐ ／
❹羽衣甘蓝 ● ／❺常春藤 ◐

混栽 Q&A

开始混栽后会有"遇到这种情况该怎么办呢?"这样的疑问。
本节以Q&A的问答形式来回答常见的问题。

Q：刚开始种植时，购买多少苗才合适?

A：先从 3~4 株开始混栽。

刚开始混栽时，先从3~4株开始。株数少会比较简单。比较推荐尝试用茂盛型的主花材❶、延展型配花材❷、垂感型配花材❸搭配。

让3株不同的花草形成三角形，种植起来更加自然。

Q：该如何选择花盆?

A：一开始可以选择和花色接近的花盆。

选择花盆时，基本上要选择能让花朵看起来生机盎然的花盆。诀窍是选择与花色或其中一种花色相近的颜色。此外，如果想给人自然感，可以搭配颜色沉稳的花盆，如赤陶花盆。

选择和主花材花色相同的花盆基本不会失败。

Q：花朵过于茂盛怎么办?

A：要事先考虑到植株长成后所占的空间。

混栽失败的常见问题是花苗过于拥挤。混栽的基础是考虑到植株长成后的样子。注意不要让花苗过于拥挤，这样长成后就会恰到好处，即使在一开始会显得稀稀拉拉。

刚刚定植后 ——————→ 3周后

刚刚定植后可能给人稀稀拉拉的寂寞感，但是顺利长成后就好看了。

Q：病虫害防治措施有哪些?

A：经常检查、及时驱除是基本原则。

病虫害防治的基本原则是勤于观察混栽植物的状况。如果发现害虫，用一次性筷子将其取下并摘除病叶。如果危害严重，要尽早喷洒指定的药剂。

发现病虫害要立刻采取防治措施。

Q：该如何搭配颜色？

A：使用单色一般很少会失败。

花色的搭配组合可以说有无数种。一开始，可以尝试一组单色渐变的混栽。搭配不同强弱的单色植株时，匹配色调很重要。

上图是黄色的董菜，虽然十分醒目，但给人杂乱无章的印象。
下图是使用单色植物，统一感很强。

Q：装饰花朵时需要注意什么？

A：根据花材性质改变装饰的位置。

花朵可能朝向上方、侧面和下方等各个方向，根据不同的朝向来判断装饰的高度。例如，如果花朵朝上，则可以装饰脚边位置；如果花朵朝下，则将它们种植在吊盆或高脚花盆中，让它们与眼睛高度相同。

董菜等花朵一般朝向上方或侧面，可以种植在浅盆中并放在较低的位置，这样看起来很漂亮。

Q：种植长花盆有什么技巧？

A：打造三角形是基本操作技巧。

即使花盆的形状不同，混栽的基本原理也是相同的。例如，在茂盛型混栽中，如果交错种植，就会看起来很自然。从顶部看，两个三角形排成一列。同样，高型混栽也是这样，要分出上层、中层和下层。

茂盛型混栽时，应增加三角形数量。高型混栽时，要打造上层、中层和下层，并可以前后稍微错开一些。

朝向侧面或向下开花的花朵，应种植在吊盆或高脚花盆中，并放在与视线相同的高度。

Q：花朵凋谢后应该怎么办？

A：重新种植改造。

当主花材凋谢或枯萎后，重新种植并改造成新的混栽。要一次性取出所有植株，然后物尽其用。注意不要将多年生草本植物或宿根草本植物的根切去太多。

使用菊花的混栽。主花材菊花在冬季会枯萎。

1 主花材菊花枯萎后，整体观感非常差。

2 将棒插入花盆和植株之间的缝隙，沿盆划一圈。

3 让花盆和土壤分离，就可以取出植株了。

已枯萎的植株　　　　　　可再利用的植株

4 将所有植株都取出，然后将已经枯萎的和可以再利用的分开。

5 去掉可以再利用的植株上的枯叶，使其干净漂亮。

6 种植新苗，完成秋冬季改造。

Q：厌倦了现在的混栽怎么办？

A：可以利用时间差来变换混栽的主花材。

让同一种花一直开花是很难的，但可以利用时间差来让不同的花开花。使用郁金香球茎并结合上一页的重新种植改造技术，就能观赏到全年绽放的混栽了。

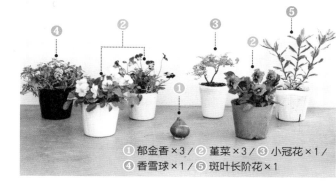

① 郁金香×3 / ② 堇菜×3 / ③ 小冠花×1 /
④ 香雪球×1 / ⑤ 斑叶长阶花×1

1 和一般的混栽布局、种植方式相同。

这里要朝上放置

2 剥去郁金香球茎的外皮，将尖的一端朝上种植在花盆里。尖端处用土薄薄覆盖一层。

3 调整叶子和花朵的位置，隐藏起球茎部分，然后浇水，就完成了。

4 春季郁金香开花，主花材就从堇菜变成了郁金香。

迷南苏

5 当郁金香凋谢后，用迷南苏来代替。

6 初夏，当所有的花朵都凋谢后，重新使用迷南苏打造新混栽。

混栽的工具和材料

混栽所需的工具和材料并不特别，都可以在园艺商店里找到。在混栽前，先让我们准备好工具。

剪刀

在摘残花和修剪不要的叶子时使用。推荐使用尖头剪刀。

土铲

往花盆中放入盆底石和培养土时使用。可以为不同用途准备不同尺寸的土铲。

盆底网

覆盖盆底孔的网，可以防止浇水时土壤流失。另外也可以防止害虫从盆底孔进入。

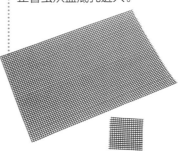

棒

定植苗时，可以插入根坨松开土壤。可以用一次性筷子代替。

托盘

可以用来混合土壤和肥料，或者抖落根坨土壤时放在下面接着。使用场合非常多，很实用。

喷壶

浇水或施用液体肥料时使用。浇水时卸掉喷嘴，浇到植株基部。

培养土

推荐使用市场上销售的培养土。如果培养土不含肥，可以添加肥料。

盆底石

可以改善花盆的排水性和通气性，用大颗粒盆底石将盆底完全覆盖。

水苔

可防止混栽干燥。使用时用水充分浸湿，然后轻轻挤出水，覆盖在土壤表面。

棕榈纤维

棕榈的纤维和水苔一样可以防止干燥，起到保湿作用，还可以覆盖土壤。

第二章

春季混栽

使用 3 月前后出苗的植株。
春季有许多色彩艳丽的植物，
所以混栽也很华丽。

骨子菊

骨子菊的园艺品种很多，色彩艳丽，十分有魅力。

花一朵接着一朵，覆盖整个植株。

混栽要点

- 选择与骨子菊的花和叶颜色相匹配的配花材。这里推荐白色至黄色的植物。

- 为了突出花朵，要平衡所有叶子的形状、大小和颜色的差异。

❋ 使用花盆

一个横长的古色古香的镀锡铁制花盆，可以让花蔓延生长。随着时间流逝，风格也会变得不同。

宽度：12cm

深度：13cm

长度：23cm

✳ 规划

【主花材】
❶ 骨子菊×1

【配花材】
❷ 鹅河菊（姬小菊）×1
❸ 欧石南（无梗石南）×1
❹ 厚皮菜×1
❺ 三叶草（白车轴草'皇妃'）×1

主花材种植在中央，纵向伸展的叶子种在后景处，以增加纵深。

✳ 步骤

1 确定主花材的正面，并考虑整个布局。

2 将骨子菊朝向正面，种植在中央。

3 将鹅河菊朝向正面，种植在骨子菊的右侧。

4 将欧石南和厚皮菜种植在骨子菊的后面。

5 将三叶草分株，分别种植在左右两侧。

6 填入土壤，用棒戳土壤，然后调整花和叶的朝向并浇水。

骨子菊　示 例

茂盛型混栽

作为茂盛型混栽的主花材。配花材可以使用小冠花的花和叶，百里香的叶子也是黄色的，整体统一。正面下部的百里香下垂，长成后从花盆中垂落下来，风格也会随之改变。

❶ 骨子菊　 ／❷ 小冠花　 ／❸ 大岛薹草 ◖／
❹ 百里香 ◑

粉色基底上添加色差

用粉红色的骨子菊和蝇子草作为底色。在背面种植浅色的常绿大戟和深色的长阶花作为重彩。

❶ 骨子菊 ● ／❷ 常绿大戟 　 ／❸ 长阶花 ●／
❹ 蝇子草 ●

单色渐变

随着时间变化，骨子菊的花色也会发生变化，搭配同一个色系的麻叶绣线菊叶子，成为渐变感十足的混栽。鹅河菊的白色花让整体显得紧凑。黑色的花盆让整体更加沉稳，使花朵突出。

❶ 骨子菊　 ／❷ 鹅河菊 ○／
❸ 麻叶绣线菊（金色喷泉）○

高型混栽

上层为诸葛菜，中层为骨子菊，下层为野芝麻。搭配比主花材颜色更浅的紫色花朵，简单又不乏味。

❶ 骨子菊 ●／
❷ 诸葛菜 　／
❸ 野芝麻 ◐

白色和紫色的混栽

以独特的紫色和白色骨子菊为主花材。叶子与主花材的花色相配，配以叶子上有白色斑点的常春藤和紫色的多花素馨。

❶ 骨子菊 ◐ / ❷ 长阶花 ● / ❸ 常春藤 ◐ /
❹ 多花素馨 ●

单色混栽

以红色骨子菊为中心，将深紫色和同一个色系的浅色植株相结合。考虑颜色强弱的平衡，深紫色的在外侧，另一侧种植同一个色系的配花材。

❶ 骨子菊 ●●●● / ❷ 大戟 ●

不同颜色的混栽

结合2种中心独特的双色花。因为它们都带有蓝色，所以用开浅蓝色小花的勿忘草消除单调感。叶子也使用同一个色系的来搭配。骨子菊花蕾中的黄色是重彩。

❶ 骨子菊 ○● / ❷ 勿忘草 　 / ❸ 苹果桉 ● /
❹ 野芝麻 ◐

柔和色调的混栽

以颜色变化的骨子菊为主花材，搭配颜色鲜亮且带有色斑的香花天竺葵，统一了整体色调。

❶ 骨子菊 ○○○ / ❷ 香花天竺葵 ◐

天竺葵

天竺葵品种繁多，花期、花色、花朵大小各不相同。
有些园艺商店将其称为"洋葵"。

✽ 使用花盆

使用内侧覆盖薄膜的悬挂式藤篮。从下方看十分美观，花朵仿佛要从篮子中溢出一般。

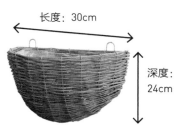

长度：30cm

深度：24cm

混栽要点

- 1株天竺葵搭配2株配花材混栽。将常春藤分株，种植到各处以增强整体感。

- 为了更好地突出花，配花材选择朴素的绿色植物。

✽ 规划

【主花材】
① 天竺葵×1

【配花材】
② 长阶花×1
③ 大叶常春藤×1

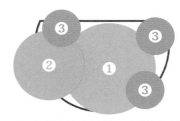

在中心种植主花材，在外侧种植配花材固定。将常春藤分株种植，可以消除整体的单调感。

❋步骤

1 因为篮子不稳，所以种植作业可以选择在箱子里完成。首先确定主花材的方向，并考虑种植位置。

2 种植天竺葵，同时调整花的方向。种植时将花稍微倾斜，让叶子从花盆中垂下。

3 让长阶花的叶子朝向前方，然后将其种植在左边。

4 将常春藤仔细分株，抖落上面的土壤，并将其种植在后景的两端和正面的右边。

5 填土，用棒戳土壤，让土壤填满空隙。

6 浇水，防止干燥，将潮湿的水苔铺在混栽周围。

⚑ 示 例

白色混栽

使用花朵大小不同的白花搭配，配花材的绿色中也带有白色，有一种整体感。统一的白色给人整洁的印象。

❶ 天竺葵 ○ / ❷ 香花天竺葵 ○ / ❸ 雪朵花 ○ /
❹ 大岛薹草 ◖

用绿色突显主花材

配花材采用能突出主花材花朵的绿叶，叶子的形状应与主花材的叶子不同，要有所变化。可以让多花素馨在主花材下方绽放白色的花朵。

❶ 天竺葵 ◍ / ❷ 饰球花 ● / ❸ 多花素馨 ●

石竹

石竹与康乃馨（香石竹）同属，品种很多，挑选自己喜欢的吧。

❋ 使用花盆

长椭圆形开口的仿古镀锡
铁制花盆适合多花混栽。
风格会随着时间而变化。

长度：23cm

深度：
13cm

宽度：
12cm

混栽要点

- 在深色的石竹中加入白色的花朵，营造出明亮的氛围。

- 接近蓝色的紫色小花与蓝粉色相配，营造出整体统一的效果。

❋ 规划

【主花材】
❶ 石竹 ×2

【配花材】
❷ 鹅河菊 ×1
❸ 舞春花 ×1

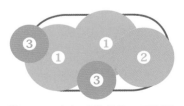

搭配同一个色系的花朵，可以让
石竹的花和叶更显柔和明快。

✱步骤

1 调整花的正面，根据主花材的排列，考虑配花材的种植位置。

2 石竹花面向正面种植。

3 在深花色的石竹旁边，种植1株白色鹅河菊，给人一种柔和的印象。

4 将舞春花分株，并以一定角度种植在正面和左侧，打造从花盆中溢出的感觉。

5 填土，用棒戳土壤，让土壤填满空隙。

6 最后调整花和叶的位置，浇水。

示例

小型混栽

主花材和配花材都很紧凑，两者都很小，因此给人一种紧凑的印象。

❶ 石竹 ◖ / ❷ 三叶草 ●

用浅色突显主花材

将与主花材同一个色系的配花材种在靠近前面的位置，后面搭配浅色的叶子和白花，就能突出前面的主花材了。

❶ 石竹（康乃馨）● / ❷ 蓝雏菊 ○ / ❸ 麻叶绣线菊（金色喷泉）◗ / ❹ 三叶草 ●

高型混栽

将不同颜色的主花材放在上层至中层。配花材用白色的小花和绿色来突出主花材。

❶ 石竹（紫色婚礼）● / ❷ 石竹（红瞿麦）◖ / ❸ 点地梅 ○ / ❹ 兔尾草 ● / ❺ 蔓柳穿鱼 ●

喜林草

喜林草因其清雅的蓝色花朵而广受欢迎，又叫粉蝶花。
它是一种容易生长的花，因此在混栽中使用很便利。

混栽要点

• 主花材是喜林草的青白花，配花材也用了颜色相近的花，但花朵和叶的形状、大小不同。

• 因为喜林草容易生长，注意不要种得过多。

❀ **使用花盆**

为了突显蓝色花朵，可以使用质感平和自然的无釉花盆。

直径：18cm

深度：15cm

❀ **规划**

【主花材】
① 喜林草（蓝色）×1
② 斑花喜林草（白色）×1

【配花材】
③ 柏大戟 ×1
④ 'Jenneke' 褐果薹草 ×1
⑤ 活血丹 ×1（只使用一半）
⑥ 婆婆纳 ×1

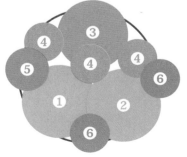

以主花材为主，除大戟外，其余配花材均分株，散在各处。

✱步骤

1 在定好每种花草的排列后，将喜林草朝前面种植。

2 在2株喜林草后面种植大戟。

3 将薹草分为3株，种植在喜林草和大戟之间。

4 将活血丹分株，只种植1株。其余用在其他混栽中或放回育苗盆。

5 将婆婆纳分成2株，通过调整枝条的方向，使它们垂在正面中央和右侧。

6 填入土壤，用棒戳土壤，让土壤填满空隙，然后浇水。

🚩 示 例

用补色强调主花材

以黄色的花朵和叶子为底色，更加突出作为补色的主花材。主花材和配花材的小花茂盛，在白色的镀锡铁制花盆中十分漂亮。

---

❶ 喜林草 ◐ ／❷ 香雪球 ○ ／❸ 匍匐花荵 ◑ ／
❹ 常春藤 ◑ ／❺ 银叶菊

单色花环

将主花材喜林草与同一个色系的浅色堇菜和白色屈曲花编制成花环。由于主花材长得很茂盛，因此要经常进行摘残花管理。

---

❶ 喜林草 ◐ ／❷ 堇菜 ／❸ 屈曲花 ○

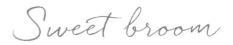

小金雀花

Sweet broom

明亮的黄色蝴蝶形花朵集结成串，它是金雀花的矮化园艺品种，适合用于混栽。

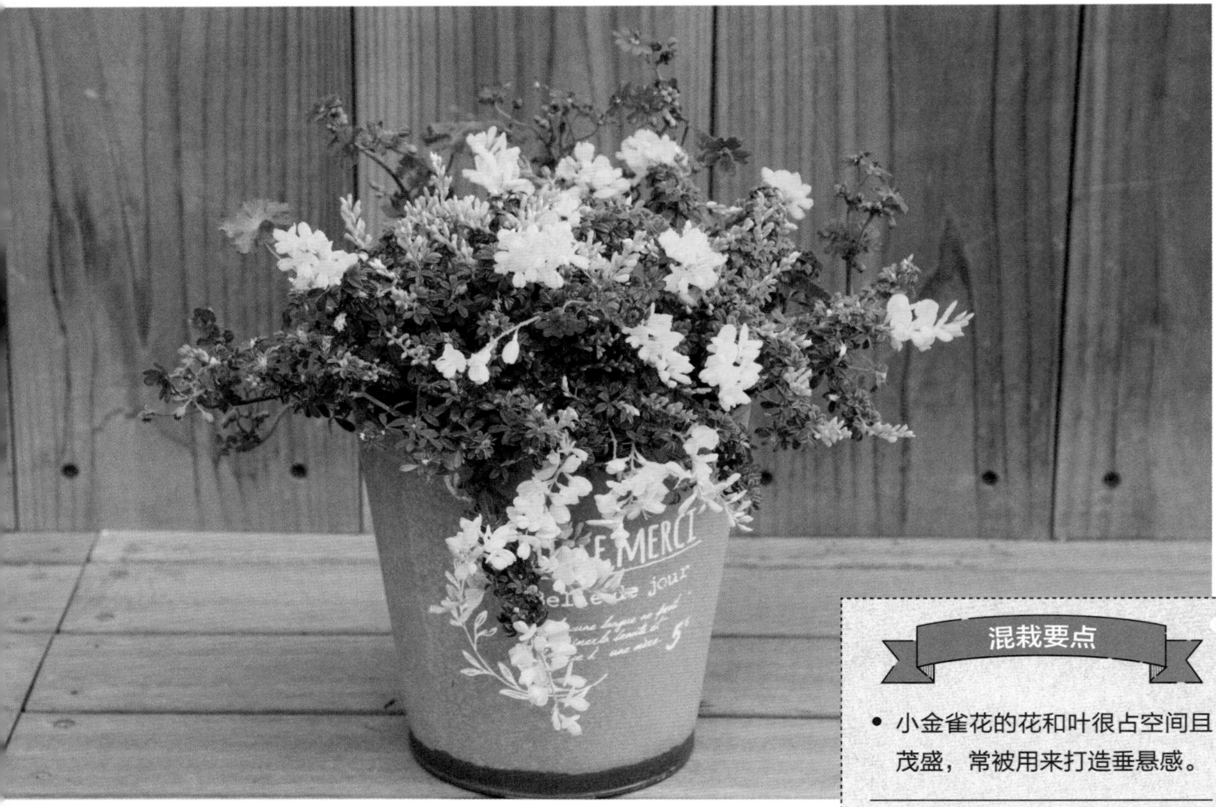

混栽要点

- 小金雀花的花和叶很占空间且茂盛，常被用来打造垂悬感。
- 选择能充分突显黄色花色的配花材。
- 非常适合悬挂式混栽，如吊篮混栽。

✱ 使用花盆

使用有一定高度的花盆，可以衬托茂盛型混栽。为了衬托主花材，选用浅紫色镀锡铁制花盆。

直径：15cm

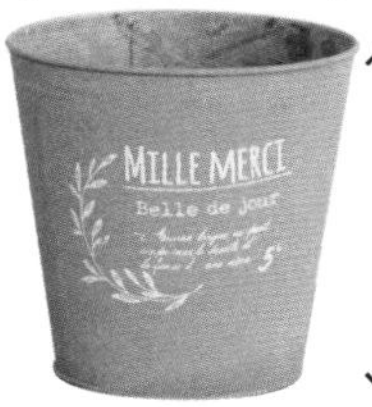

深度：18cm

✱ 规划

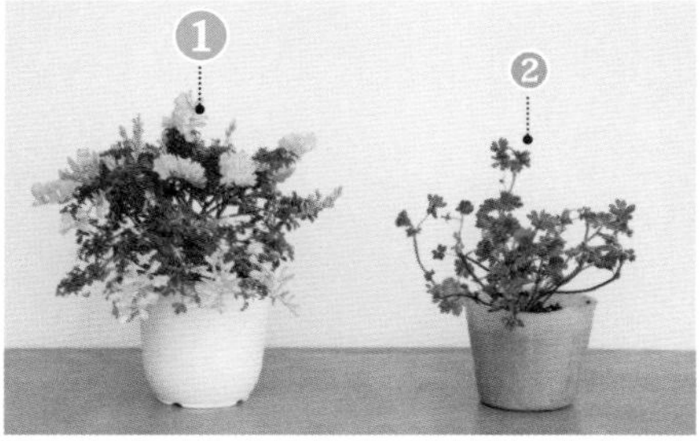

【主花材】

① 小金雀花 × 2

【配花材】

② 老鹳草 × 1

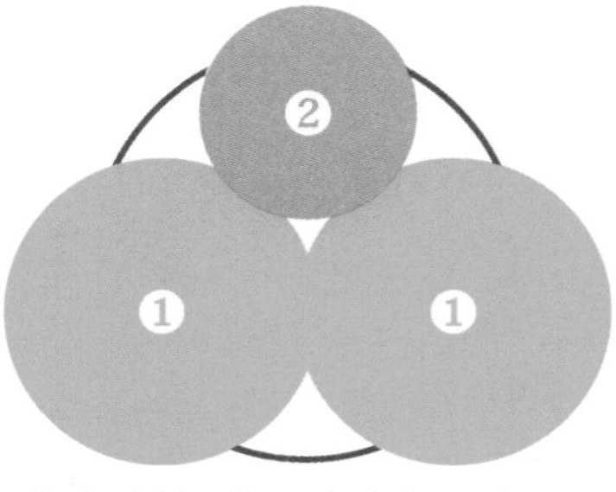

在中央种植2株小金雀花，在后面种植老鹳草。将老鹳草枝条从小金雀花的空隙穿过，让其融入整体。

✽ 步骤

1 考虑好小金雀花的种植位置，并让其花朵朝向正前方。

2 取出幼苗，种植2株小金雀花，但不要种植在中央。

3 将老鹳草种植在后面，并将其枝条从小金雀花的空隙穿到正面来。

4 填入土壤，用棒戳土壤，让土壤填满空隙。

5 整理好花与枝叶，不要让它们缠在一起。

6 最后浇水。

示 例

打造高低差

在小金雀花之间插入斑叶长阶花，以提亮正面，并用百脉根和薜荔（极小）的深色收紧整体。通过在后面种植齐顶菊等高型植物，可以在突出主花材的同时打造动感的氛围。

添加补色花材

主花材和配花材都是黄色花朵。为了防止单调，需要搭配不同的花形，用补色的勿忘草做重彩。

---

❶ 小金雀花 / **❷** 鹅河菊（姬小菊）

❸ 山芫荽 / **❹** 勿忘草 / **❺** 多花素馨 /

❻ 大岛薹草

---

❶ 小金雀花 / **❷** 百脉根 / **❸** 齐顶菊 /

❹ 鹅河菊（姬小菊） / **❺** 斑叶长阶花 /

❻ 常绿钩吻藤 / **❼** 薜荔

法国薰衣草

法国薰衣草的花穗顶端有兔耳状的叶子。

园艺品种繁多，非常适合可爱风的春季混栽。

混栽要点

- 法国薰衣草容易萎蔫，所以种植时要摘下下部叶子。

- 为了突出法国薰衣草的颜色，配花材的花朵和叶子以黄色的补色为基础。

- 主花材放在上层，配花材放在中、下层，适合用于高型混栽。

✽ 使用花盆

搭配不破坏法国薰衣草自然气息的浅色赤陶花盆为宜。

直径：15cm

深度：22cm

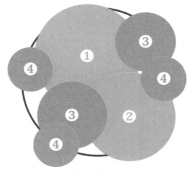

有一定高度的主花材在中间，配花材可以遮盖底部。

✽ 规划

【主花材】
❶ 法国薰衣草×1

【配花材】
❷ 天竺葵×1
❸ 草原车轴草×1
❹ 多花素馨×1

✻ 步骤

1 确定主花材法国薰衣草的正面，并考虑主花材和配花材的种植位置。

2 摘下法国薰衣草的下部叶子，并将其面向前方种植。

3 在花盆正面右侧，以微斜的角度种植天竺葵。

4 将草原车轴草分株，分别种植在正面左侧和后景的右侧。

5 将多花素馨分为3株，分别种植于正面左侧和花盆后景的左右边缘处。

6 填入土壤，用棒戳土壤，让土壤填满空隙，浇水。

⚑ 示 例

茂盛型混栽

选择在低位开花且茂盛的花为主花材，将差不多高度的配花材组合起来。

---

❶ 法国薰衣草 ○●/

❷ 高穗花报春 ●/

❸ 钩穗薹 ●

用颜色深浅演绎立体感

以不同深浅的紫色打造的混栽。从前面到后面，由白色到深紫色的渐变让主花材脱颖而出，立体感十足。

---

❶ 法国薰衣草 ●/

❷ 屈曲花 ○/❸ 水芹 ●

单色混栽

紫色至粉红色的主花材种在中层，搭配有一定高度的配花材。下层是下垂的白边叶子。

---

❶ 法国薰衣草 ●/❷ 老鹳草 ●/

❸ 钟南苏 /❹ 活血丹 ○●

木茼蒿

木茼蒿的花色和形状各异，可以选择不同品种，用在高型混栽、茂盛型混栽中。

混栽要点

- 打造只用3株植物的简约混栽。由于木茼蒿花数多，配花材可以只用叶子。

- 木茼蒿的茎脆弱易折，所以在处理时要小心。

- 由于花色鲜艳，所以可以选择颜色较深的配花材作为陪衬。

✳ 使用花盆

浅色的简约混栽，搭配有线条、有设计感的赤陶花盆最适宜。

直径：15cm

深度：19cm

✴ 规划

【主花材】
① 木茼蒿 ×1

【配花材】
② 罗马生菜 ×1
③ 珍珠菜 ×1（只使用一半）

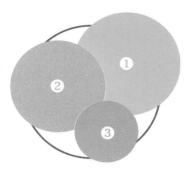

茂盛型混栽中主花材为木茼蒿。主花材和配花材形成三角形布局。

✴ 步骤

1 确定主花材和配花材的正面，并考虑种植布局。

2 种植木茼蒿。取出木茼蒿苗时，注意不要折断茎。

3 种植罗马生菜，使它的叶子可以向花盆外扩展。

4 将珍珠菜分株，只使用其中的1株。

5 将珍珠菜倾斜种植，让叶子垂到花盆外。剩余的珍珠菜可用于其他混栽。

6 填入土壤，用棒戳土壤，让土壤填满空隙，调整好花和叶的位置后浇水。

木茼蒿 示例

类比色混栽

以浅粉色和黄色的浅色花朵为中心的混栽。配花材的叶子也是同一个色系的浅色，整体上有一种统一感。

❶ 木茼蒿 ／ ❷ 长阶花 ／ ❸ 木通

明暗变化打造层次感

从花盆边缘白色的活血丹，到中央的粉红色木茼蒿和后景处红色的木茼蒿，颜色的亮度从前到后降低，以增加层次感。

❶ 木茼蒿 ／ ❷ 银旋花 ／ ❸ 活血丹 ／
❹ 聚星草

左右对称的两篮花

使用相同的花草打造左右对称的混栽。为了突显深粉色木茼蒿，搭配浅色花草才能相得益彰。两个篮子中，下部的混栽加入白色花的鹅河菊，稍微添些变化。

❶ 木茼蒿 ／ ❷ 雪朵花 ／ ❸ 生菜 ／
❹ 小冠花（冠花豆）／ ❺ 薜荔 ／ ❻ 鹅河菊

黄色混栽

聚集了浅黄色花朵的混栽。与木茼蒿几乎同色系的大丁草，以及白色的香雪球，统一了整体色彩。用牛至的黄绿色填充花和植株基部之间的空间。

❶ 木茼蒿 ⬤ ／❷ 大丁草 ⬤ ／❸ 牛至 ⬤ ／
❹ 香雪球 ○

单色混栽

绽放的浅粉色木茼蒿，搭配同一个色系的雪朵花和深色的长阶花，以及中心为粉色的龙面花，整体色调相得益彰。做一个装满花篮的可爱风混栽吧。

❶ 木茼蒿 ⬤ ／❷ 龙面花 ◖ ／❸ 长阶花 ⬤ ／
❹ 雪朵花 ⬤

花形各异的混栽

使用两种类型的木茼蒿，一种是单瓣的，另一种是重瓣的。两种都是白花，所以选择浅色的配花材，让白色的花朵脱颖而出。

❶ 木茼蒿 ○○ ／❷ 澳洲米花 ⬤ ／❸ 蝇子草 ⬤

49

花毛茛

花毛茛以其多层的花瓣和丰富的色彩而引人注目。
它的花朵带有力量感，在混栽时看起来很棒。

混栽要点

- 选择与花毛茛形状和颜色相近的花朵来搭配。

- 用三角形布局来混栽，牛至放在中心处，打造茂盛型混栽。

- 使用比主花材更小的勿忘草和叶子，让主花材更加引人注目。

❋ 使用花盆

使用质地粗糙的赤陶花盆，给人自然的印象。因为花很大，所以选用宽口花盆。

直径：25cm

深度：18cm

✽ 规划

【主花材】
❶ 花毛茛 × 3

【配花材】
❷ 牛至 × 1
❸ 红脉酸模 × 1
❹ 勿忘草 × 1

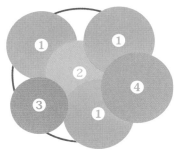

用三角形布局打造花毛茛混栽，中央种植牛至，让其枝叶穿过花毛茛的空隙。

✽ 步骤

1 确定花的正面，并考虑花毛茛的颜色排列。确保前面是浅色的花朵。

2 将牛至种植在中心，后景左边是花毛茛。

3 在后景右边和前面种植剩余的花毛茛，形成三角形。

4 在正面和后景左边的花毛茛之间种植红脉酸模。

5 在正面和后景右边的花毛茛之间种植勿忘草。

6 填入土壤，用棒戳土壤，让土壤填满空隙后浇水。

花毛茛 示 例

高型混栽

中间种植花朵突出的花毛茛，下层是叶子，上层为地中海荚蒾，组成高型混栽。配花材的颜色要让主花材脱颖而出。

❶ 花毛茛 ◖◗ / ❷ 地中海荚蒾 / ❸ 千叶兰 ◖ / ❹ 芥菜 ◖ / ❺ 忍冬 ●

单色混栽

以单色花毛茛和白色花毛茛为主花材的混栽。中央放置色彩强烈的主花材，以便引人注目。配花材为同一个色系或绿色，达到统一的效果。

❶ 花毛茛 ○◗ / ❷ 大戟 ◖ / ❸ 百里香 ◖ / ❹ 千叶兰 ◖

白色基底的混栽

以平滑的白色花毛茛为基底，搭配花瓣上略带粉红色的重瓣品种。为了搭配白花雄蕊的黄色，选择小冠花作为配花材。

❶ 花毛茛 ○ / ❷ 小冠花（冠花豆） ◗

用补色突显花朵

粉色的花毛茛搭配绿色的补色可以突显花朵。
由于主花材的叶子颜色较深,添加偏红的绿色
和浅绿色可以压制色调。

———————

❶ 花毛茛 ●● / ❷ 龙面花 ◑ / ❸ 长阶花 ● /
❹ 矾根 ◑ / ❺ 海桐 / ❻ 忍冬 ◐

引人注目的黄色混栽

以黄色花毛茛和白色花毛茛为主花材,搭配同
一个色系的珍珠菜和百脉根的叶子,给人一种
整体统一感。百脉根花黄色和棕色的花朵是
重彩。

———————

❶ 花毛茛 ○ / ❷ 百脉根 ◗ / ❸ 珍珠菜 ◑

单色混栽

通过组合多个粉红色至红色花毛茛来打造
渐变感,并选择同一个色系的配花材。白
色的镀锡铁制花盆给人一种清爽的印象,
可以突出花朵的颜色。

❶ 花毛茛 ●◑● / ❷ 希腊芥 ● /
❸ 麻叶绣线菊 ◑

羽扇豆

羽扇豆有独特的锥形花。

有一定高度，花给人的印象深刻，可以打造简约感的混栽。

混栽要点

- 羽扇豆有独特的花和叶，所以尽量不要搭配比主花材颜色更深的配花材，例如，可以选择用绿色来添色。

- 羽扇豆有耐寒性，但不耐热。

❋ 使用花盆

选择熏烤过的木板制成的带把手的木质花盆，可以使羽扇豆的鲜艳颜色更加突出。

直径：30cm

深度：18cm

✱ 规划

【主花材】
❶ 羽扇豆 ×4

【配花材】
❷ 野草莓 ×1

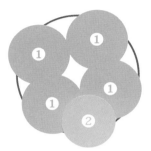

四边形的布局中，前面种植野草莓。

✱ 步骤

1 由于布局简约，位置由羽扇豆的花色决定。

2 确定布局后，从前景开始种植。

3 后景种植2株，形成四边形。

4 以稍微倾斜的角度种植野草莓，使其从花盆中向前溢出。

5 填入土壤，用棒戳土壤，让土壤填满空隙，特别是中心位置，要戳实。

6 整理好花和叶的位置后浇水。

羽扇豆

利用形状不同的叶子为主花材添色

以紫色、黄色和粉红色3种颜色的羽扇豆为主花材进行混栽。为了充分发挥羽扇豆独特的花形特色，在底部增添形状各异的小叶子。另外，使用黄色系的叶子，可以与羽扇豆相匹配。

❶ 羽扇豆 ◐◑ ／❷ 多花素馨 ◑／
❸ 大岛薹草 ◑

单色混栽

选用粉红色的羽扇豆来聚拢整体。配花材使用同一个色系的补血草，给人统一感。在下方土壤显眼的地方种植珍珠菜，让它们与花盆融为一体。

❶ 羽扇豆 ● ／❷ 补血草 ●／
❸ 珍珠菜（金叶过路黄）○

专栏

不明白的问题可以向园艺店询问

在园艺店、园艺中心等商店，有机会接触到许多植物。环顾一下商店，看看除了容易看到的花朵外还有哪些植物可供选择。除了主花材和配花材，观察带花蕾的花朵，或许就能选出喜欢的植物。

如果找到感兴趣的植物，询问商店就可以知道花期、观赏期、处理方法，以及长成后的高度等。购买植物的地域环境不同，植株的开花时间、生长期和栽培注意事项都可能会发生变化。例如，寒冷地区的开花时间可能比温暖地区

晚。植物的特性在混栽中很重要，一定要向店员问清楚。

初夏混栽

使用在 5 月前后，也就是天气最好的时节出售的苗木。

许多植物不喜潮湿环境，因此在种植时要确定每种植物的特性。

绣球

Hydrangea

和雨天十分契合的绣球，是梅雨期最完美的混栽。
品种很多，也推荐山绣球类花朵（花萼）很小的花。

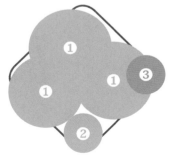

混栽要点

- 花朵盛开时，过多碰触根系会损伤花朵，所以注意不要抖掉太多的根和土壤。高度可以根据土壤的量来调整。

- 摘掉重叠的叶子，以改善通风状况。

❋ 使用花盆

因为花很大，所以用篮子做花盆看起来很轻盈。提前在篮底覆盖薄膜。种植好后非常适合作为礼物赠送。

30cm　30cm

❋ 规划

【主花材】
❶ 绣球 ×3
【配花材】
❷ 蹄盖蕨 ×1
❸ 忍冬（柠檬美人亮叶忍冬）×1

花盆一角朝前，以绣球为中心，让蹄盖蕨和忍冬从花盆中垂下。由于绣球的花朵很大，因此要将配花材的空间降到最小。

✳ 步骤

1 确定主花材的正面，考虑整体布局。

2 种植绣球。由于花朵正在盛开，应尽量少抖落土壤和根。

3 在后景稍微偏左的位置倾斜种植紫色绣球。

4 在朝向正面的左侧一角，倾斜种植蹄盖蕨。

5 在正面的右侧一角，以一定角度倾斜种植忍冬。

6 填入土壤，用棒戳土壤，让土壤填满空隙，然后浇水。

示 例

可以全方位观赏的花篮

以深蓝色的绣球为中心，不管从哪个角度看都赏心悦目。

❶ 绣球 ● / ❷ 矮牵牛 ○ /
❸ 舞春花 ● / ❹ 超级香雪球 ○ /
❺ 麻叶绣线菊 ● / ❻ 地锦 ●

白色混栽

搭配与任何颜色都匹配的白色花朵。上层和下层种植白色花朵，能突显中层的浅蓝色主花材。

❶ 山绣球　 /
❷ 麻叶绣线菊 ○ /
❸ 脐果草 ○

用绿色突出花色

绿色可以突显绣球和黄水枝。叶子形状的变化让混栽永远充满新鲜感。

❶ 山绣球　 /
❷ 黄水枝（春季交响乐）○ /
❸ 肾蕨 ● / ❹ 箱根草 ●

英国薰衣草

英国薰衣草是薰衣草中最香的品种之一。
与其他香草搭配，打造芬芳混栽。

混栽要点

- 英国薰衣草不耐闷热，所以不要深植，而且要摘掉下部叶子以改善通风状况。

- 种植时要小心，因为茎很容易折断。

- 当成长到充满整个花盆时，要将其移植到更大的花盆中。

✿ 使用花盆

为了突出植物，使用横长形的镀锡铁制花盆，打造简约朴素的混栽。

长度：30cm
宽度：15cm
深度：15cm

✿ 规划

【主花材】
❶ 英国薰衣草×3

【配花材】
❷ 鼠尾草×1
❸ 百里香×1
❹ 锦竹草×1

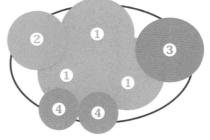

由于花朵不大，要用与主花材颜色相匹配的彩色叶子为其着色。将主花材种植在中央，左右两边种植不同高度的植物，打造流动感。

✱ 步骤

1 将英国薰衣草种植在中央，其他花草按照高度布局。

2 将英国薰衣草下部叶子摘掉并浅植，注意不要折断茎。

3 在正面的左侧种植鼠尾草，不要过于密集。调整好高度，和主花材达到平衡。

4 在正面的右侧种植百里香，使其从花盆中溢出。

5 将锦竹草分株，并种植在正面的中心和左侧。

6 填入土壤，用棒将土戳实，然后浇水。

示 例

聚集单色花

用紫色矮牵牛收拢颜色的混栽。为了提升亮度，搭配种植浅色叶子的紫露草。

❶ 英国薰衣草 ⬤ / ❷ 矮牵牛 ⬤ / ❸ 紫露草 ⬤

搭配明亮的绿色

为了突显深紫色，将浅色叶子放在一起。弯曲的叶子和笔直的薰衣草使混栽看起来浑然天成。

❶ 英国薰衣草 ⬤ / ❷ 牛至 ⬤ / ❸ 小过江藤 ⬤ /
❹ 地椒 ⬤

五彩苏

有多种颜色的彩色叶子比花朵的观赏期更长，可以观赏更长时间。

✽ 使用花盆

选择与叶子颜色相近的花
盆，时尚别致。可以选择
轻巧的塑料花盆。

直径：25cm

深度：
27cm

✽ 规划

【主花材】
❶ 五彩苏 ×4

【配花材】
❷ 千叶兰 ×1
❸ 黑龙沿阶草 ×1

混栽要点

• 五彩苏是观叶植物，在开花
前摘掉花蕾。

• 排成圆形的布局，别忘了把
中间的土壤填满。

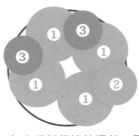

从任何角度看都很棒的混栽，同一个
色系的花排在对角线上。

✽ 步骤

1 确定主花材的正面，然后再考虑其他的布局。

2 抖落五彩苏上的土壤，种植在花盆中。

3 在五彩苏之间，以一定角度种植干叶兰，使它们从花盆中溢出。

4 把黑龙沿阶草分株，抖落土壤，然后种在五彩苏之间。

5 填入土壤，用棒戳实土壤。以圆形布局，不要忘记把土壤填入花盆中央。

6 最后浇水，并调整叶子即可完成。

示例

单色混栽

与第62页样式相同，只是改变了颜色。选择与粉红色、紫色叶子相匹配的花盆或配花材。

❶ 五彩苏 ●●●◐／
❷ 普通百里香 ◐／
❸ 无刺猬莓 ●

强调叶子

为了突显五彩苏叶子的独特颜色，将不同形状的叶子和干日红的小花组合在一起。

❶ 五彩苏 ●／❷ 干日红 ○●／
❸ 凤尾蕨 ●／❹ 白纹草 ◐

渐变的绿色

黄绿色和棕色的五彩苏，搭配绿叶用于打造绿色渐变感。要选择少花品种。

❶ 五彩苏 ○●／❷ 过江藤 ○／
❸ 黄叶倒吊笔 ○

一串红 / 鼠尾草

SalviaSage

一串红和鼠尾草同属，园艺品种繁多。
它们的花色和花形丰富，可以用作主花材或配花材。

混栽要点

• 为了让一串红看起来自然，高度
  要不一样。如果高度相同，就会
  显得过于生硬。

• 在某种程度上，忍冬即使抖落土
  壤也不影响生长。

• 将多花素馨分株，填入土壤让植
  株高度均匀。

❋ 使用花盆

选择外观像木箱一样的砼制花盆。风格自然的花盆更能突
出一串红的红色。

宽度：
13cm

深度：
16cm

长度：43cm

✱ 规划

【主花材】
❶ 一串红×3

【配花材】
❷ 西方毛地黄×3
❸ 忍冬（柠檬美人亮叶忍冬）×1
❹ 多花素馨（菲奥娜日出素方花）×1

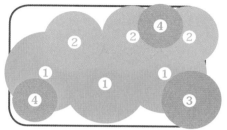

主花材放在中间，种植高度不等，后景处不均匀地种植西方毛地黄，显得更自然。

✱ 步骤

1 将一串红种植在中央，后面是高型植株西方毛地黄，然后调整其他配花材的种植位置。

2 并排种植3株一串红，不要种植在一个高度上，要高低参差不齐。

3 去除西方毛地黄下部和破损的叶子，不要均匀种植，防止闷热。

4 应抖落忍冬根上的土壤，这样种植更容易。以倾斜角度种植。

5 将多花素馨分株后，种植在正面左侧和后景右侧。通过填入土壤来调整植株高度。

6 调整好叶子的位置后，填入土壤，用棒戳实。当土壤压牢后再浇水。

一串红 / 鼠尾草 示 例

单色叶子的混栽

选择与主花材的蓝紫色同一个色系的叶子来搭配。花盆的颜色也要契合，让整体有统一感。补色为浅黄色小花和白色叶子，营造出深邃感。

❶ 蓝花鼠尾草 ● / ❷ 银边翠 ◐ /
❸ 小玉叶金花 / ❹ 马蹄金 ●

用叶子突显主花材

主花材颜色浅，所以辅以粉色或红色和补色绿色衬托。搭配带白边的叶子，并将类比色的红色百日菊作为亮点。长花茎的蓝羊茅的曲线富有动感。

❶ 一串红 ● / ❷ 百日菊 ● / ❸ 宽叶羊角芹 ◐ /
❹ 蓝羊茅 ●

搭配浅色花朵，突出主花材

为了让深蓝色的主花材脱颖而出，选择浅色配花材搭配。如图所示，在白色花朵和白色至黄色的彩叶中，即使主花材的花朵不大，也能引人注目。

❶ 深蓝鼠尾草 ● / ❷ 女王郁金 ○ / ❸ 莲子草 ◐ /
❹ 吊兰 ◐ / ❺ 百日菊 ○

充分展现姿态的搭配

打造能够充分展现鼠尾草枝条狂野生长的混栽。配花材的花朵是同一个色系的小花和白花，更能突显主花材。黄色的彩叶消除了花盆的边界，让整体更为和谐。

❶ 鼠尾草 ● / ❷ 忍冬 ◐ /
❸ 大戟（通奶草）○ / ❹ 萼距花 ●

聚集小花

由于主花材很小，所以要选择不太大的花作为配花材。此外，植物叶子要接近白色至蓝色，营造整体统一感。配花材是白色或单色系的，以匹配主花材的蓝色。

❶ 鼠尾草（天蓝花）◐／❷ 山梗菜 ●／
❸ 野芝麻 ◐／❹ 活血丹 ◐

高低层次感

高型鼠尾草有白色的花萼和粉红色的花。由于有一定高度，所以底部要搭配颜色略深的粉红色作为配花材，以制造高低渐变。

❶ 鼠尾草 ／❷ 南白珠 ●／❸ 莲子草 ●／
❹ 硬毛百脉根 ○

单色混栽

红色的鼠尾草在高处很醒目，所以在中、下层种植浅色的配花材。在与上层相对的位置种植深色的同一个色系的金光菊，让整体颜色紧凑。花盆要选择不破坏花色的颜色。

❶ 鼠尾草 ●／❷ 金光菊 ●／❸ 千日红 ●／
❹ 大戟（通奶草）○／❺ 雪朵花 ●

百日菊

百日菊的花色多样，又称百日草，可以长时间观赏。

❀ **使用花盆**

使用平和、天然的赤陶花盆来衬托百日菊。

直径：32cm

深度：15cm

❀ **规划**

【主花材】
❶ 百日菊×4

【配花材】
❷ 珍珠菜×1
❸ 悬钩子×1

单色的主花材对称种植，无论从哪里看都是正面。将叶子种植在能衬托花朵颜色的地方。

✳步骤

1 根据花朵颜色，放在相互对称的位置上。确定正面后，理顺叶子。

下一个花蕾

在此处切断

2 花朵凋谢后，在下一个花蕾的节点上方切断。

3 摘掉植株基部1~2cm处的叶子。

4 种植百日菊，以一定角度斜着种植珍珠菜，让其垂挂在花盆外。

5 将悬钩子分株，并种植在百日菊的空隙中。

6 填入土壤，用棒戳实土壤，整理好后浇水。

示 例

用深色收紧整体

主花材使用鲜艳的花色时，配花材颜色就要深一些，有收紧整体的效果。

❶ 百日菊 ●●● / ❷ 巧克力秋英 ● /
❸ 大戟（通奶草）○ / ❹ 萼距花 ● /
❺ 黑龙沿阶草 ●

单色混栽

绿色百日菊和叶子颜色统一。让浅色小花成为亮点。

❶ 百日菊 ○ / ❷ 香彩雀 /
❸ 好望角鼠尾草 ● /
❹ 银龙小头蓼 ◐

雅致的混栽

为了搭配棕色百日菊，选择与其颜色相近的五彩苏。要记住的一点是，使用不同颜色的百日菊。

❶ 百日菊 ●○ / ❷ 五彩苏 ◐ /
❸ 大岛薹草 ◐ / ❹ 亚洲络石 ◐

蓝盆花

花色清爽，在云斑金蟋鸣叫时开花，故在日本又称云斑金蟋草。

混栽要点

- 蓝盆花的花茎很容易折断，所以在处理时要小心。

- 蓝盆花更喜欢碱性土壤，如果使用的是栽培土就不用担心了。

- 选择花少、花蕾多的幼苗。

✳ **使用花盆**

使用没有特点的天然赤陶花盆，可以衬托出浅色的花朵。

直径：17cm

深度：20cm

✳ **规划**

【主花材】
❶ 蓝盆花 ×3

【配花材】
❷ 扶芳滕 ×1
❸ 北海道花葱 ×1

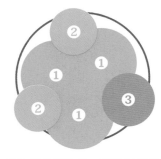

作为紫色的补色，黄色叶子的扶芳滕给人艳丽的感觉。

✳ 步骤

1 考虑主花材和配花材的布局时，要让花朵向中央聚集。

2 种植3株蓝盆花，要让花朵朝向正面。注意不要折断花茎。

3 将扶芳藤分成2株，只在后侧种植1株。

4 种植花葱时，要倾斜一定角度，让花葱从花盆中垂下。

5 种植剩下的扶芳藤，让其伸展到花盆外侧。

6 填入土壤，用棒戳实土壤空隙，然后浇水。

示例

互补色的混栽

让高大的蓝盆花脱颖而出的混栽。使用花朵大小相同但颜色互为补色的芳香矢车菊，并使用黄色的叶子打造差异感。

❶ 蓝盆花（紫盆花）● / ❷ 芳香矢车菊 /
❸ 细梗溲疏 ○ / ❹ 亚洲络石（黄金锦络石）○

高型混栽

浅色的蓝盆花是主花材，与白花的蕾丝花搭配。蕾丝花和蓝盆花的花茎相似，所以种植在一起，会形成随风摇曳的可爱混栽。

❶ 蓝盆花 ● / ❷ 蕾丝花 ○ /
❸ 新风轮 ● / ❹ 折纸画牛至 ● /
❺ 倒挂金钟 ●

蝴蝶草

蝴蝶草从初夏到秋季都可以观赏，花朵小而可爱，
既可以作为主花材，也可以作为配花材。

❋ 使用花盆

选择与蝴蝶草颜色相近
的冷色系花盆，即使在
雨季也可以观赏。

长度：40cm

宽度：15cm

深度：16cm

❋ 规划

【主花材】
① 蝴蝶草 ×3

【配花材】
② 匍匐筋骨草 ×1
③ 筋骨草 ×1
④ 黑龙沿阶草 ×1

混栽要点

- 残花会引起病害，所以要尽早清理。

- 为了看起来自然，种植时要注意左右不能过于对称。

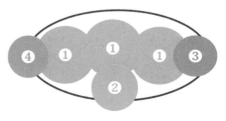

蝴蝶草应该以交错的方式种植，
而不是直线种植。在空隙中种植
有单色叶子的植物。

❋步骤

1 考虑整体布局，不要把蝴蝶草种在一条直线上，还要选择与花色相匹配的叶子。

2 种植3株蝴蝶草。花朵凋谢后，要尽早从基部摘掉。

3 将浅色的筋骨草分株，调整高度，然后倾斜种植。剩余的分株可用于其他混栽。

4 将深色的筋骨草也分株，调整高度，种植在右侧，使它们从盆中垂下。

5 把黑龙沿阶草种植在左侧。如果有损坏的叶子，要从基部摘除。最后调整叶子的整体位置。

6 填入土壤，用棒戳实土壤后浇水。

单色混栽

将深紫色的蝴蝶草与有浅紫色的小花新风轮种在一起。略带紫色大叶的紫露草和圆形小叶的千叶兰融合在一起。

❶ 蝴蝶草 ●／❷ 新风轮 ／❸ 千叶兰 ●／
❹ 紫露草 ◐

白色背景突显主花材

配花材是白色大戟和叶片有白色边缘的宽叶羊角芹，混栽整体以白色为背景，突显了众多浅粉色小花。如果使用高脚花盆，让蝴蝶草溢出，更能扩展空间。

❶ 蝴蝶草 ／❷ 大戟（通奶草）○／❸ 宽叶羊角芹 ◖

旱金莲

如果不使用农药，旱金莲的花和叶都可以食用。

长成后，花和叶会变得繁茂并垂下来，所以要提前留一些空间。

混栽要点

- 旱金莲随着生长而垂下，需要按照长成后的样子确定种植位置。

- 主花材的强烈颜色要匹配强烈色彩的背景。

- 调整方向，使花蕾朝外。

❋ 使用花盆

选择镀锡铁制花盆，给人整体粗犷的印象。

直径：22cm

深度：25cm

❋ 规划

【主花材】
① 旱金莲×3

【配花材】
② 红脉酸模×1
③ 粉花绣线菊×1
④ 千叶兰×1

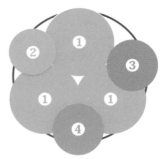

种植单色系的旱金莲时，将深色品种种植在后面，达到整体平衡。

✱ 步骤

1 浅黄色的旱金莲种在前景，后景种植深黄色的品种。

2 将旱金莲的芽朝外种植。取出根坨时要小心，因为根坨可能会摇晃。

3 轻轻抖除红脉酸模上的土壤，因为容易闷热，所以将它种植在外侧。

4 将粉花绣线菊的土壤抖落，根坨比较细，将其种植在右侧。

5 以微斜的角度种植千叶兰，使其垂在花盆上。

6 填入土壤，用棒戳实后浇水。略微调整枝条和叶子的位置。

🚩 示 例

能吃的混栽

一组可食用茎叶的混栽。主花材为橙色至黄色。使用颜色和形状不同的叶子，组合起来不会显得单调乏味。

❶ 旱金莲 ●● ／❷ 堇菜 ◗ ／❸ 厚皮菜 ● ／
❹ 芥菜 ● ／❺ 欧芹 ● ／❻ 野草莓 ○ ／❼ 牛至 ◗

高型混栽

将高大的旱金莲和薹草组合在一起，并搭配下垂状的野草莓和小过江藤。深红色的旱金莲叶色较深，叶色与小过江藤搭配，给人一种整体统一感。

❶ 旱金莲 ●● ／❷ 野草莓 ○ ／
❸ 'Jenneke' 褐果薹草 ◖ ／❹ 小过江藤 ◗

长春花

Madagascar periwinkle

长春花是夏季花卉的代表，花朵繁多，能覆盖全株。
椭圆形且有光泽的叶子十分有魅力。

混栽要点

- 粉中带蓝的花朵，可以选择蓝色系花朵或叶子作为配花材，给整体带来统一感。

- 由于幼苗出售是在多湿季节，摘掉植株的下部叶子，以改善通风状况。

✳ 使用花盆

选择让粉色主花材看起来自然的赤陶花盆，即使放在花园里，看起来也很棒。

直径：21cm

深度：19cm

✳ 规划

【主花材】
❶ 长春花 ×2

【配花材】
❷ 婆婆纳（穗花）×1
❸ 马蹄金 ×1

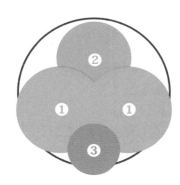

按高度顺序从最高的植株开始种植，布置成从后到前有断层的样式。

✽步骤

1 从后景到前景，考虑整体布局。

2 婆婆纳的植株基部易于闷热，要摘掉下部叶子，然后将它们种植在后景。

3 摘掉长春花的下部叶子，如果有花朵凋谢，也要及时清理。

4 调整长春花的花朵朝向，在中景处种植2株。

5 种植马蹄金，使其垂在花盆下。

6 填入土壤并戳实。之后调整叶子的方向并浇水。

茂盛型混栽

主花材的小花看起来枝繁叶茂。配花材的花草有白色的叶子和一点黄色的小花。

❶ 长春花 ○ / ❷ 桂圆菊
❸ 兰香草 ◐ / ❹ 银边翠 ◑ /
❺ 野葡萄 ●

用不同花和叶做背景

选择与主花材同一个色系的粉色至红色系的配花材。选择与主花材形状不同的花和叶，这样更引人注目。

❶ 长春花 ◐ / ❷ 鸡冠花 ● /
❸ 婆婆纳 ○ / ❹ 大花六道木 ◐ /
❺ 泽兰 ● / ❻ 麻兰 ●

单色混栽

将不同深浅紫色的主花材和配花材搭配起来。

❶ 长春花 ● / ❷ 紫露草（吊竹梅）◐ / ❸ 新风轮 / ❹ 大戟（通奶草）○ / ❺ 忍冬（柠檬美人亮叶忍冬）◑ / ❻ 南美天芥菜 ●

马鞭草

马鞭草花色丰富，小花成团绽放。
在花朵稀少的夏季，是闪耀的珍贵花材。

混栽要点

- 马鞭草的茎很脆弱，所以取放时要小心。

- 将马鞭草排成三角形，达到自然的效果。

- 通过搭配叶子形状各异的百脉根和钩穗薹，改变叶子的线条。

❋ 使用花盆

船形的白色花盆与鲜红色的花朵相得益彰。

长度：30cm

宽度：14cm

深度：15cm

❋ 规划

【主花材】
❶ 马鞭草×3

【配花材】
❷ 百脉根×1
❸ 钩穗薹×1

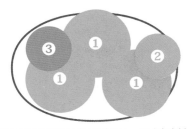

主花材按照三角形布局，两侧种植绿叶植物。

❋ 步骤

1 调整马鞭草，让其正面朝前，并考虑其他植株的布局。

2 将3株马鞭草种成三角形。

3 从正面右侧种植百脉根，让其朝向前方，并让其枝条垂下。

4 钩穗薹种植在左后景处。

5 填入土壤，用棒戳实。

6 整理好花和叶后浇水。

⚑ 示例

吊篮

从篮子垂下的混栽。为了让主花材保持活力，配花材使用白花。

❶ 马鞭草 ◗／
❷ 微型月季（绿冰）◗／
❸ 大戟（通奶草）○／
❹ 天门冬 ○

补色搭配

配花材选择的黑黄色是补色，让主花材更为显眼。

❶ 超级马鞭草 ／❷ 山梗菜 ／
❸ 百脉根 ◗／❹ 珍珠菜 ◖／
❺ 白粉藤 ●

单色混栽

与粉紫色的主花材相对应，配花材选择紫色系的叶子和浅绿色搭配，给人一种统一感。

❶ 宿根马鞭草 ◖●／
❷ 矾根 ●／
❸ 珍珠菜 ◗／
❹ 迷南苏

第三章 初夏混栽

马鞭草

79

矾根

矾根是典型的彩叶植物，叶子颜色丰富。
即使在半阴处也能生长。

混栽要点

- 矾根长成后会很大，所以要留一些空间，避免过于拥挤。

- 矾根是观叶植物，不要抖掉过多土壤，以免损伤根系，使植株变得虚弱。

✿ 使用花盆

花盆选择与主花材相配的颜色，给人统一感。选择一个稍微大一点的花盆。

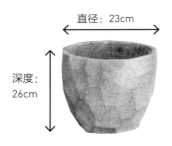

直径：23cm

深度：26cm

✿ 规划

【主花材】
❶ 矾根（铜叶）×1

【配花材】
❷ 矾根（红叶）×1
❸ 矾根（花叶）×1

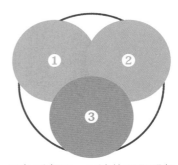

三角形布局，不论从哪面看都是正面。

✳ **步骤**

1 将主花材的叶放在喜欢的位置上。制作一个可以从任何方向看都好看的混栽。

2 种植第1株。小心地抖落土壤，避免掉根过多让植株变虚弱。

3 在它旁边种植第2株。这时，稍微倾斜一下，让叶子伸展出来。

4 以同样的方式种植最后1株，并调整3株植物叶子的方向。

5 填入土壤，用棒戳实。

6 最后，调整叶子的位置并浇水。

花环混栽

以紫色至红色的矾根为主，搭配补色的矾根作为亮点。安排好花环顶部和底部的花朵布局。

❶ 矾根 ●● ◖○◗ ／
❷ 常绿屈曲花 ○／
❸ 亚洲络石 ●

单色混栽

为了契合矾根的叶色，选择简约的配花材来搭配。确保紫色的补色绿色占总数的20%~30%。

❶ 矾根　●／❷ 秋叶果　／
❸ 白鹤芋 ○／❹ 天门冬 ○

秋海棠

秋海棠的特点是花色鲜艳，叶子厚实有光泽。

也有重瓣花和不同叶色的品种。

混栽要点

- 秋海棠易断茎、易落花，取苗时要特别小心。

- 叶子容易长得茂盛，因此要摘下下部叶子并浅植，改善通风状况。

- 随着时间的推移，会变得越来越茂盛，可以长时间观赏而不感到乏味。

✽ 使用花盆

使用与鲜艳的花色相配的沉稳的灰色花盆。看起来像一块石头，但是由塑料制成的，其重量轻且方便使用。

宽度：20cm 长度：50cm 深度：23cm

✽ 规划

【主花材】
① 秋海棠（红色）×4
② 秋海棠（白色）×2
【配花材】
③ 长柔毛矾根×1
④ 珍珠菜（金叶过路黄）×2

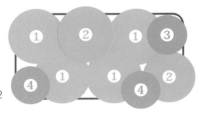

与秋海棠（红色）相配的叶子也调和了秋海棠（白色）的花色。

82

*步骤

1 秋海棠的红白色搭配看起来很自然，调整植株，不要左右对称。

2 秋海棠不耐闷热，所以要摘掉下部叶子，以改善通风状况。

3 调整秋海棠的位置时要顾及整体的平衡感。浅植，以免叶子粘上土。

4 在正面的右后景种植矾根，稍微倾斜种植，打造从花盆下垂的感觉。

5 在左边和右前景处种植珍珠菜，使叶子从盆中垂下。

6 填入土壤，用棒戳实。因为叶子很容易被弄脏，所以要小心，最后调整形态后浇水。

示 例

铜叶衬托出生机勃勃的花朵

为了让主花材的花和叶充满活力，搭配同一个色系的花朵和补色的叶子，起突出强调的作用。花盆选择与主花材颜色相匹配的颜色。

❶ 秋海棠 ●／❷ 矾根 ●／
❸ 樱桃鼠尾草 ●／❹ 过江藤 ○

生机勃勃的小花篮

主花材是色彩鲜艳的小花，有充满整个空间的感觉。配花材使用单色或较深颜色的叶子来搭配。

❶ 虎克四季秋海棠 ●／
❷ 五彩苏 ●／❸ 海桐 ◐／
❹ 五叶地锦 ◑

浅色集合

将浅粉色的主花材和同一个色系的叶子进行搭配。用接近花盆颜色的深色叶子遮住花盆边缘，让花盆和混栽合二为一。

❶ 秋海棠 ／❷ 紫露草 ◐／
❸ 莲子草 ●

矮牵牛

矮牵牛的花除了白色和粉红色外，还有其他各种的颜色，是初学者也很容易种植的植物之一。

混栽要点

● 当下部叶子被弄湿或埋入土壤时就容易受损，所以要摘掉下部叶子。这样还可以改善通风。

● 随着花蕾一个接一个地冒出来，要从花梗处去除凋谢的残花。

✳ 使用花盆

使用与深粉色花朵相配的深米棕色花盆。塑料制的更轻，易于取放。

直径：20cm

深度：17cm

✻ 规划

【主花材】
① 矮牵牛 × 2
【配花材】
② 蝇子草 × 1
③ 活血丹 × 1

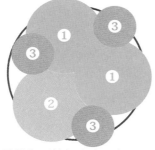

用单色系的矮牵牛和蝇子草做一个三角形，外侧的空隙用活血丹装饰。

✻ 步骤

1 确定矮牵牛和蝇子草的正面并考虑种植位置。将活血丹分成3株，按照长成后的样子布局。

2 摘掉矮牵牛下部叶子和贴在土壤上的叶子，让花朵面向前方。

3 让蝇子草从花盆正面垂下。

4 将每株活血丹种植在之前种植的植物空隙处。

5 填入土壤，用棒戳土壤，让土壤填满空隙。

6 整体调整，让活血丹的叶子穿过蝇子草的间隙，然后浇水。

85

矮牵牛 示例

单色混栽

一组以黄色和绿色花朵为主花材的单色混栽。为了突显存在感，尽量减少同一个色系配花材的麻叶绣线菊，并与黑面神的深色相呼应。矮牵牛会渐次开花，所以一开始有少量的花较好。

❶ 矮牵牛 ◐◯ ╱ ❷ 黑面神 ◐ ╱ ❸ 麻叶绣线菊 ◯

雅致混栽

以颜色深浅不一的矮牵牛为主花材的混栽。由于花色独特，所以配花材选择同一个色系的，突显主花材。将配花材多花素馨当成绿植使用，可以观赏到从花蕾到开花的变化过程。

❶ 矮牵牛 ◐◯ ╱ ❷ 多花素馨 ● ╱ ❸ 矾根 ● ╱
❹ 臭叶木 ●

单色深浅混栽

主花材矮牵牛是重瓣，花色很深，所以配花材使用了白色来突显色彩的深浅。主花材花色为蓝紫色，与水果蓝的青色相得益彰。

❶ 矮牵牛 ● ╱ ❷ 牻牛儿苗（甜心）◐ ╱
❸ 水果蓝 ╱ ❹ 野芝麻 ◑

浅色花环

以浅黄色和白色矮牵牛为主花材制成花环。配花材的舞春花有形状类似的小花，用于点缀整体的颜色和形状。圆形的花朵很醒目，所以用迷南苏的叶子来增添一些变化。

❶ 矮牵牛 ◯ / ❷ 舞春花 ◗ / ❸ 迷南苏 ◗

单色混栽

以白色为背景，深紫色矮牵牛为主花材的悬挂混栽。选择白色花朵的蓝雏菊，不要使用深绿色，这样可以突显主花材。

❶ 矮牵牛 ◗◗ / ❷ 蓝雏菊 ◯ / ❸ 水蜡 ◗ /
❹ 珍珠菜（金叶过路黄）◯ / ❺ 硬毛百脉根 ◗

黑色花环

引人注目的黑色矮牵牛花环。由于主花材是引人注目的颜色，所以要匹配同一个色系的黑龙沿阶草和偏白的绿色。以银色的榄叶菊和贝壳白的千叶兰为重彩。

❶ 矮牵牛 ● / ❷ 榄叶菊 / ❸ 千叶兰 ◗ /
❹ 黑龙沿阶草 ●

单色混栽

深浅不同的粉色为主花材的混栽。对称种植，无论从哪个方向看都很有意思。配花材的野芝麻的花为同一个色系的，用白色的马鞭草突显主花材颜色。

❶ 矮牵牛 ◗◗◯ / ❷ 马鞭草 ◯ / ❸ 野芝麻 ◗

五星花

五星花从春季到秋季一直盛开着星形小花。

花朵很醒目，非常适合作为主花材。

混栽要点

- 因为要种植许多株，所以要摘下五星花下部叶子以防闷热。

- 五星花的花期长，所以配花材的花期也要长一些。

- 混栽的中心很容易出现空隙，因此要将土壤填实。

❋ 使用花盆

使用雅致的赤陶花盆。因为要种植多株，所以要选择宽花盆，打造存在感。

直径：30cm

深度：19cm

❋ 规划

【主花材】
❶ 五星花 ×5

【配花材】
❷ 大戟（通奶草）×1
❸ 忍冬 ×1

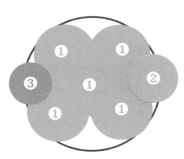

将单色五星花种植在中心，让其充满空间。将配花材种在左右两侧。

✷ 步骤

1 将五星花种植在中心的位置，并在左右两侧种植配花材。

2 所有五星花都要摘去下部叶子，以改善通风，防止闷热。

3 一株一株种植五星花。尽可能将其移到中心，以便让其充满空间。

4 在前景右侧种植与五星花相匹配的大戟。

5 在前景的左侧种植忍冬。稍微向前倾斜，使叶子更为醒目。

6 填入土壤，用棒戳实，调整叶子后浇水。

示 例

用补色强调

以红色五星花为主花材，用补色绿色来强调主花材。配花材蝴蝶草的花色是亮点。

❶ 五星花 ●● / ❷ 牛至 ○ /
❸ 蝴蝶草（蓝猪耳）◗

高型混栽

整体被高型的配花材收拢，将主花材配置在中、上层的显眼位置。

❶ 五星花 ○ / ❷ 金鸡菊 ○ /
❸ 金脉单药花 ◑ / ❹ 蘘荷 ◔ /
❺ 矾根 ●

深色镶边

白色和粉色的主花材放在中央，所占比例较大。周围被配花材包围，可以将混栽和花盆合二为一。

❶ 五星花 ○○ /
❷ 辣椒（紫色闪光）◑ /
❸ 巴西莲子草 ● / ❹ 小蘗 ○

万寿菊

花色有明亮的黄色、绿色、橘色等的万寿菊很耐寒，容易培育。

长期绽放黄色或橙色的花朵。

✽ 使用花盆

主花材颜色强烈，所以可以
选择平和的白色花盆。

直径：22cm

深度：
12cm

混栽要点

• 如果想放入很多花色，请使
用一盆多花的幼苗。每株植
物小，但花朵的数量增加，
充满整个空间。

• 配花材与主花材相配，整体
以黄色为主。

✽ 规划

【主花材】
① 万寿菊 ×2

【配花材】
② 大戟（通奶草）×2
③ 小米空木 ×1

万寿菊和配花材对称种植，无论
从哪个角度都可以营造出好看的
外观。

❋ 步骤

1 万寿菊和大戟呈对角线排列。花朵数量多，营造出繁茂的混栽效果。

2 万寿菊呈对角线种植，从中心向外延伸。

3 种植大戟时，要与万寿菊成十字排列。

4 与正面的大戟并排种植小米空木。

5 调整花朵和叶子的位置，将万寿菊和大戟很好地融合。

6 填入土壤，用棒戳实，浇水。

示 例

用绿色突显主花材

主花材有力量感，用叶子类的植物作为配花材来突显主花材。改变叶子的形状并匹配白色和类比色的叶子。

❶ 万寿菊 ◐ ／❷ 木藜芦 ◑ ／❸ 大戟（通奶草）◯ ／
❹ 钩穗薹 ● ／❺ 白粉藤 ●

高雅混栽

深色的主花材搭配深紫色的配花材和枫叶天竺葵。花盆也要与花朵相配，选择同一个色系的、有厚重感的花盆，更能凝聚整体。

❶ 万寿菊 ● ／❷ 扁桃叶大戟 ● ／❸ 枫叶天竺葵 ◑

微型月季

"花中皇后"——月季的迷你型（又叫迷你玫瑰）也可以用于混栽观赏。

由于它们本身就足够引人注目，因此应尽量少搭配其他植物和花卉。

混栽要点

- 由于微型月季的叶子多，所以要适当摘掉叶子以防闷热。

- 如果花朵正在盛开，注意不要抖掉太多根和土壤，以免损伤花朵。

❋ **使用花盆**

使用突显花色的浅蓝色花盆。花朵很有力量感，所以花盆在某种程度上也要显眼，这样才能平衡。

直径：22cm

深度：24cm

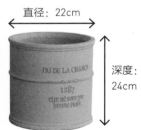

✽ 规划

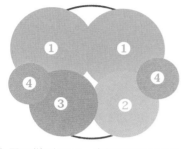

【主花材】
① 微型月季 × 2
【配花材】
② 蝇子草 × 1
③ 舞春花 × 1
④ 野芝麻 × 1

上层用微型月季，中间至下层用同一个色系的蝇子草和深紫色舞春花收紧整体。用野芝麻的藤蔓打造动感。

✽ 步骤

1 一边观察花的正面一边思考整体布局。

2 种植微型月季。花开时，如果抖掉太多土壤和根，会损坏花朵，所以不要弄掉太多。

3 种植另一株微型月季后，再种植蝇子草。以接近平躺的倾斜度种植，并将花朵转向前面。

4 将舞春花分株，重新排列使花朵朝向相同的方向，并成一定角度面向前方。

5 将野芝麻分株，并放置在左右两侧。斑叶是亮点，可以突出藤蔓的动感。

6 调整枝条和花朵的方向，如果叶子过于茂盛，可以摘掉一部分。填入土壤、压实，并浇水。

微型月季 示 例

用偏红的颜色来聚拢

深黄色微型月季，搭配独特的扁桃叶大戟和红龙小头蓼的叶。红黄色的微型月季与同色的红龙小头蓼的叶子相搭配，给人整体感。将扁桃叶大戟穿过微型月季，打造平衡感。

❶ 微型月季 ⬤ / ❷ 扁桃叶大戟 ⬤ /
❸ 红龙小头蓼 ⬤

用绿色渐变突显花朵

突出浅粉色微型月季的混栽。使用具有不同形状和颜色的叶子，例如，荆芥、百里香、迷南苏，打造绿色渐变感，突出微型月季。马鞭草的深色是重彩。

❶ 微型月季 / ❷ 马鞭草 ⬤ / ❸ 荆芥 ⬤ /
❹ 迷南苏 ◖ / ❺ 斑叶百里香 ◖

用红色单色聚拢

以花朵多的微型月季为中心，用同一个色系的高型樱桃鼠尾草来收拢颜色，叶子有一定变化。使用斑叶筋骨草或常春藤，表现绿色从其花盆中溢出的效果，增加动感。樱桃鼠尾草和微型月季之间种植落新妇。

❶ 微型月季 ⬤ / ❷ 樱桃鼠尾草 ⬤ /
❸ 落新妇 ⬤ / ❹ 常春藤 ◖ /
❺ 斑叶筋骨草 ◖

补色是重彩

以绿叶为基础，突显黄色微型月季的混栽。上层和下层分别种植长星花和鼠尾草，用蓝色（补色）将整体聚拢。在中层，开小花的可爱瓜叶菊给人统一感。

❶ 微型月季 ／❷ 长星花 ◐ ／❸ 鼠尾草 ● ／
❹ 瓜叶菊

用白色聚拢的混栽

以不令人厌倦的白色为主花材的混栽。将配花材的花色与微型月季搭配起来，并使用有白点的叶子来聚拢。为了收紧整体的颜色，种植深色叶子的珍珠菜，让其从花盆中垂下，可以掩饰盆缘。

❶ 微型月季 ○ ／❷ 倒挂金钟 ○ ／❸ 珍珠菜 ● ／
❹ 常春藤 ◐ ／❺ 大戟（通奶草）○ ／
❻ 大戟（杂交种）○

单色混栽

微型月季的颜色很显眼，所以配花材也用同一个色系且外形有趣的珍珠菜来匹配。其他的都用白色系来协调。为了让深色的微型月季更令人印象深刻，可以使用高脚花盆并悬挂野葡萄，给人优雅感。

❶ 微型月季 ● ／❷ 香彩雀 ／❸ 木茼蒿 ○ ／
❹ 珍珠菜 ● ／❺ 野葡萄（蛇葡萄）◐

动感混栽

搭配能让微型月季充满活力的配花材。用颜色相近的马鞭草协调，比微型月季还小的舞春花放在最下边，以深色的花色收紧整体。当花朵从像鸟笼一样的花盆中溢出时，给人一种自然感。

❶ 微型月季（绿冰）◐ ／❷ 马鞭草 ◐ ／
❸ 舞春花 ● ／❹ 舞春花（No.29）● ／❺ 艾蒿 ◐

马缨丹

因为花开时颜色会随着时间而变化，又名"七变花"。

小心不要种植得太密，因为很容易长得枝繁叶茂。

混栽要点

- 马缨丹在闷热的季节出售，使用时要摘掉下部叶子。

- 用花草遮蔽花盆边缘，即使从下面看也很棒。

- 马缨丹枝叶繁茂、易下垂，从任何角度看都是正面。

✤ 使用花盆

因为主花材会下垂，所以选择由白色玻璃纤维制成的高脚花盆，以其一角为正面。

直径：23cm

深度：13cm

高度：20cm

✽ 规划

【主花材】
❶ 马缨丹 × 3

【配花材】
❷ 牛至 × 1
❸ 薜荔 × 2

在中心种植牛至，让其充满整个空间，
并将马缨丹和薜荔排列成三角形。

✽ 步骤

1 让花盆的一角朝前，考虑好在哪里种植主花材和配花材。

2 在中心种植牛至，使叶子的正面朝前。

3 要摘掉马缨丹的下部叶子以防闷热，并将它们以三角形种植在牛至周围。

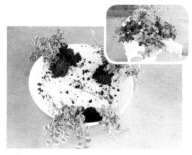

4 将2株薜荔分成3株，分别种植在马缨丹周围的空隙中。

5 填入土壤，并用棒戳实。不要忘记把土壤填入中央。

6 要让牛至从马缨丹周围的空隙中伸出，最后浇水。

第三章 初夏混栽 马缨丹

97

马缨丹 示例

花朵大小均匀的混栽

一组马缨丹花，点缀着数珠珊瑚的红色小果实。通过配花材的果实和叶子，突显作为主花材的马缨丹。五彩苏的叶子在连接绿色和白色方面发挥着作用。

❶ 马缨丹 ○／❷ 数珠珊瑚 ●／❸ 五彩苏 ○／
❹ 小蘖 ●

垂感混栽

主花材和配花材都是易长得繁茂且叶子下垂的，打造从篮子里溢出的效果。搭配和橙色马缨丹同一个色系的配花材。

❶ 马缨丹 ◐●／❷ 臭叶木 ◐／❸ 虾衣花 ●／
❹ 珍珠菜 ○／❺ 常春藤 ●／
❻ 珍珠菜（金叶过路黄）◐／
❼ 亚洲络石（黄金锦络石）

花形变化的混栽

马缨丹的白色小花与花形独具特色的配花材相结合，让人耳目一新。主花材放在中间，用配花材和浅绿色的番薯遮蔽花盆边缘，打造出清爽的外观。

❶ 马缨丹 ○／❷ 山梗菜 ●／❸ 金苞花 ▢／
❹ 番薯 ○／❺ 蝴蝶草 ●

第四章

秋季混栽

秋季花苗一般在 9 月前后上市。稍早一些的会在夏季就开始销售。像初夏一样，秋季也是植物生长的最佳季节。

松果菊

松果菊的花很独特，它的花瓣随着花朵绽放而向后卷。
有些品种矮小，颜色丰富。

混栽要点

- 以柠檬绿色的松果菊和配花材的叶子为基础，突显主花材的红色。

- 叶子形状不同的欧洲葡萄也与色调相匹配。

- 使用浅黄色的雁来红。如果雁来红中有紫色的，挑出去用于其他混栽。

✿ 使用花盆

色调沉稳的花盆与黄色花朵相匹配，更能突显出红色花朵。

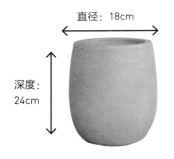

直径：18cm

深度：24cm

✿ 规划

【主花材】
❶ 松果菊（柠檬绿色）×1
❷ 松果菊（红色）×1

【配花材】
❸ 雁来红×1
❹ 欧洲葡萄×1

红色的松果菊是主花材，周围是同一个色系的配花材。

✽步骤

1 确定松果菊的正面，并考虑整体布局。

2 摘掉枯叶和下部叶子后种植松果菊。

3 将雁来红分成3株种植，使它们从花盆中垂下。摘掉与色调不匹配的叶子。

4 种植欧洲葡萄，使枝条向前方伸展。

5 填入土壤，用棒戳实。

6 调整好花和叶的位置后浇水。

示例

单色混栽

粉红色至红色的松果菊是主花材，白花和浅紫色的配花材让混栽更显轻盈。

❶ 松果菊 ●● ／❷ 香彩雀 ● ／
❸ 红叶千日红 ● ／❹ 黄叶倒吊笔 ○ ／❺ 亚洲络石 ●

演绎颜色饱和度的混栽

选择深色的叶子、花朵和果实，衬托出主花材的浅色。使用马齿苋时注意不要让颜色过重。

❶ 松果菊 ● ／❷ 辣椒 ● ／
❸ 萼距花 ● ／❹ 矾根 ● ／
❺ 粉花绣线菊 ● ／❻ 马齿苋 ◗

通过颜色变化

突显立体感

结合了绿色和黄色的单色混栽。从上到下从绿色变成黄色，很有立体感。

❶ 松果菊 ○ ／❷ 千日红 ○ ／
❸ 多花素馨 ○ ／❹ 丝叶菊 ／
❺ 大戟

桔梗

在日本，桔梗是秋之七草之一，但从夏季开始市场上就有苗木销售了。
花色除了凉爽的蓝紫色，还有白色和粉红色。

混栽要点

• 适合秋季的混栽，根据花色搭配斑驳的叶子。

• 使用略带紫色的叶子，和花朵颜色相宜，并以叶子的形状突显主花材。

✱ 使用花盆

用日式陶质花盆搭配花朵，整体有青涩感。

直径：23cm

深度：16cm

✱ 规划

【主花材】
❶ 桔梗×2

【配花材】
❷ 五彩苏（黑魔法）×1
❸ 斑叶芒×1
❹ 矾根×1

将桔梗种在中央，叶子类的配花材要一边种植一边观察整体是否平衡。

✲步骤

1 确定桔梗的正面，想象着前景中从花盆中垂下来的矾根，然后考虑剩下的叶子种植在后景的何处。

2 在花盆中央种植两株桔梗。种植前，将下部叶子摘掉以防闷热。

3 在左后方种植五彩苏，并将其用作桔梗的背景。

4 在右后方种植斑叶芒。

5 以微斜的角度种植矾根，使其叶子从花盆中垂下。

6 填入土壤，用棒戳实，调整花和叶的方向后浇水。

⚑ **示例**

用明亮的叶子将主花材夹在中间

配花材带有白色亮色的叶子从上下两层将主花材夹在中间，突出中层的桔梗。搭配白色可以让主花材不显得单调。

❶ 桔梗 ●○ / ❷ 银龙小头蓼 ◗ / ❸ 珍珠菜 ◗

用补色引人注目

主花材搭配互补色的黄花，以叶子为背景，让主花材桔梗脱颖而出。上下两层分别配置小玉叶金花和野葡萄的黄花和白叶，中间种植桔梗。

❶ 桔梗 ●◗ / ❷ 小玉叶金花 　/
❸ 野葡萄（东北蛇葡萄）

菊花

菊花的花色丰富，花瓣层层叠叠。

花朵绽放方式多种多样，方便用于混栽。

混栽要点

- 通过将与菊花的花色相近的配花材放在一起，可以轻轻松松地进行混栽。

- 菊花的叶子颜色较深，所以要选择叶子明亮的配花材。

- 因为花朵很容易脱落，取出幼苗时要小心。

✽ **使用花盆**

使用与花材相得益彰的陶质花盆。花盆颜色沉稳，能充分突显花朵的鲜艳颜色。

直径：21cm

深度：
13cm

✱ 规划

【主花材】
❶ 菊花（黄色）×1
❷ 丹特小菊×2

【配花材】
❸ 小蜡×1
❹ 泽兰×1

单色的菊花呈三角形排列种植，其间种植叶子类的配花材。

✱ 步骤

1 将菊花转向前方，确定位置时要考虑颜色平衡。根据菊花的颜色排列配花材。

2 菊花被排列种植成三角形。摘掉下部叶子以防闷热。

3 将小蜡种植在浅色菊花之间来增色。

4 将泽兰分株，种植在前景的左右两侧，夹住黄色的菊花。

5 填入土壤，用棒戳实。

6 调整好花朵和叶子的方向后浇水。

菊花 示 例

用绿色统一颜色

以乒乓菊为主花材，搭配相近颜色的颜色偏浅的泽兰和狼尾草的叶子。紫红色和绿色的红脉酸模，以及紫红色的鸡冠花突出了整体。

❶ 乒乓菊　／❷ 鸡冠花 ●／❸ 狼尾草 ●／
❹ 红脉酸模 ◑／❺ 泽兰 ◐

雅致混栽

深紫色的菊花和浅白色的菊花是混栽的主花材。黑色的辣椒和偏紫色的显脉聚星草颜色沉稳，与主花材相得益彰。白色的花盆让混栽脱颖而出。

❶ 丹特小菊 ◖◗／❷ 辣椒 ●／❸ 鼠尾草 ●／
❹ 彩桃木（魔法龙）◐／❺ 显脉聚星草 ◐

打造有明暗层次的混栽

上层用颜色雅致的菊花和颜色沉稳的泽兰装饰，黄色镀锡铁制花盆和底部的悬钩子提亮了正面，进一步突显了菊花。

❶ 丹特小菊 ●／❷ 矾菊　／❸ 帚石南　／
❹ 泽兰 ●／❺ 悬钩子 ○

单色混栽

粉色和紫色菊花用悬钩子或六月雪作为配花材，给人一种明亮的印象。不同花朵大小和盛开风格的主花材，洋溢着热烈的秋季氛围。

❶ 菊花 ◐◯◗ / ❷ 六月雪 ◐ /
❸ 莲子草 ◐◑● / ❹ 悬钩子 ◯

茂盛型混栽

用能将整个花盆覆盖的菊花（雏菊）打造茂盛型的混栽。用单色的花朵统一，与颜色沉稳的叶子搭配在一起。黄色的三星果和莲子草作为配花材可以起提亮作用。

❶ 雏菊 ◔ / ❷ 铜叶大丽花 ● /
❸ 红叶千日红 ● / ❹ 三星果 /
❺ 萼距花 ◕ / ❻ 莲子草 ◐

左右对称的混栽

黄色和橙色的单色雏菊对称排列。为了有所变化，左右两侧后方的配花材使用完全不同的类型。在中央，超级香雪球和亮色的帚石南仿佛一道分割线将混栽左右分开。

❶ 雏菊 ◔ / ❷ 超级香雪球 ◐ /
❸ 莲子草 ● / ❹ 帚石南 ◯ /
❺ 薹草 / ❻ 小蜡 ◔

鸡冠花

Plumed cockscomb

鸡冠花的特点是其鲜艳的色彩和独特的花形。
耐热性强，即使在夏末也能作为混栽花材使用。

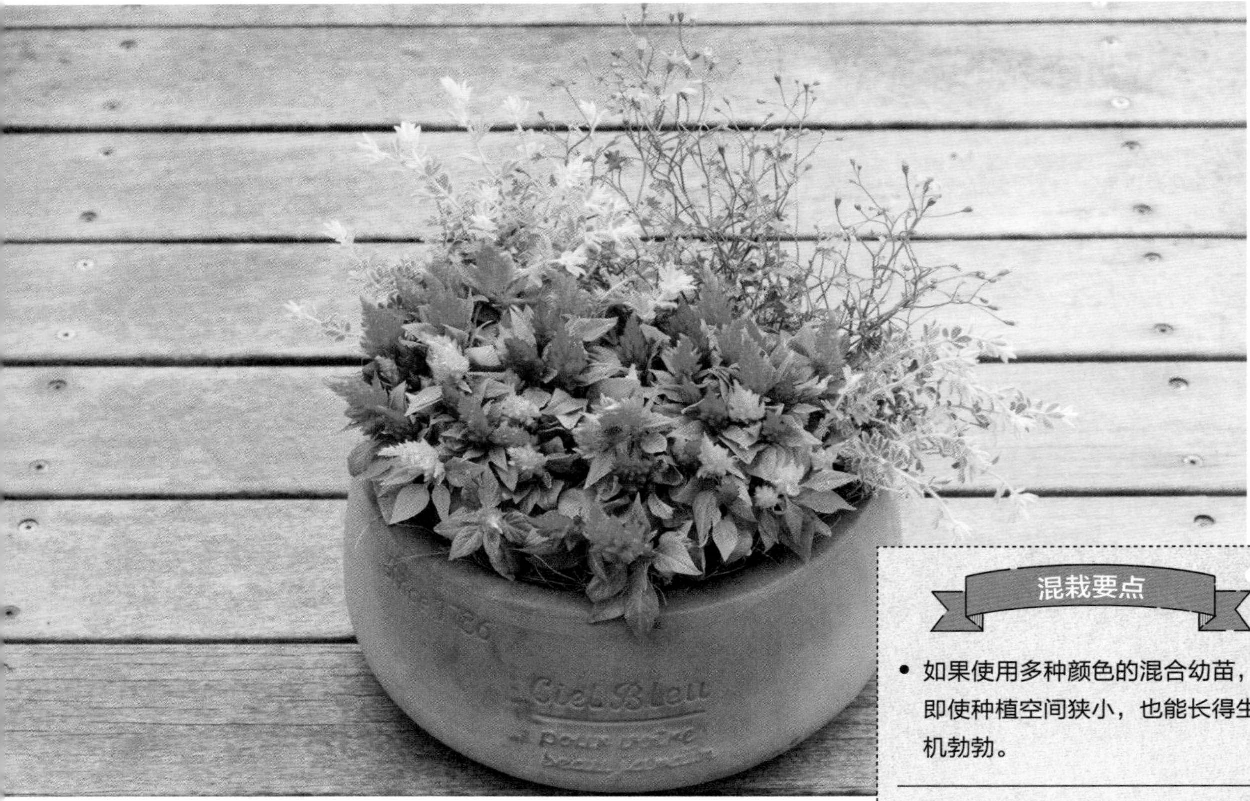

混栽要点

- 如果使用多种颜色的混合幼苗，即使种植空间狭小，也能长得生机勃勃。
- 不要深植混合苗，因为茎很密。
- 普通幼苗开花时间长，不过混合幼苗开花1个月左右。

✻使用花盆

因为要打造茂盛型混栽，所以选择宽口花盆为宜。用浅色的赤陶花盆更突显花朵。

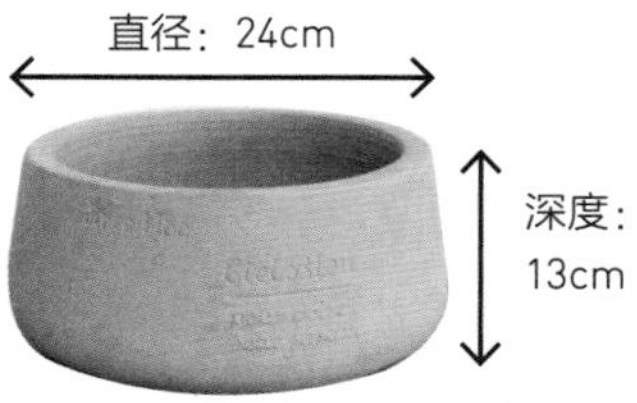

直径：24cm
深度：13cm

✻规划

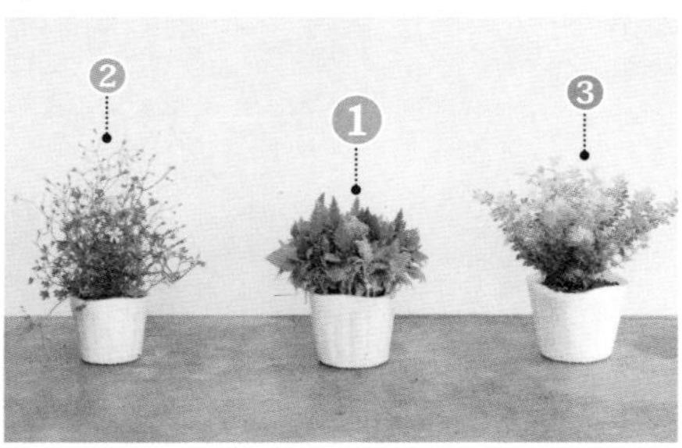

②
①
③

【主花材】
① 鸡冠花 × 2
【配花材】
② 瓜叶菊 × 1
③ 百脉根 × 1

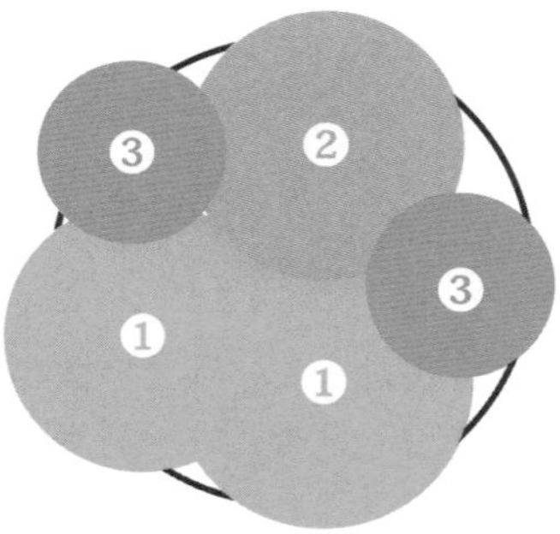

③
②
③
①
①

确定鸡冠花的正面，把鸡冠花种植在前景处，配花材种植在后景处。

✱ 步骤

1 选择鸡冠花的正面，确定整体布局。

2 正面种2株鸡冠花混合苗。混合苗即从一个盆中长出多株幼苗。

3 在鸡冠花的最右侧种植瓜叶菊。

4 将百脉根分株，并种植在左后方，以及鸡冠花的右侧。

5 填入土壤，用棒戳实。

6 调整好叶子的位置后浇水。

单色混栽

用紫色系的鸡冠花作为主花材，搭配同一个色系的配花材。在配花材中添加少量的黄花做点缀。

❶ 鸡冠花 ●/❷ 金鸡菊 　/
❸ 长春花 ●/❹ 三星果 　/
❺ 莲子草（亚庇）●/❻ 艾蒿 ◗

类比色混栽

使用鸡冠花和亚洲络石的叶子搭配出类比色混栽。中心种植颜色较深、起到收紧颜色作用的植株。

──────────
❶ 鸡冠花 ●●/❷ 翠菊 ●/
❸ 裂稃草 ●/
❹ 亚洲络石（黄金锦络石）

用叶子引人注目

主花材的叶子和配花材的叶子能让鸡冠花的颜色更加突出。小过江藤带有白色的叶子柔化了整体色调。

──────────
❶ 鸡冠花 ●/❷ 艾蒿 ◗/
❸ 小过江藤 ◗

秋牡丹

银莲花般的花朵附着在细长的茎上。

一般秋牡丹有一定高度，但也有矮小的品种。

混栽要点

- 花材有一定高度，所以选择能突显它的配花材。

- 做一组有一定高度的混栽，用矾根掩盖秋牡丹根部。

- 取出幼苗时要小心，因为花朵很容易脱落。

✱ 使用花盆

选择与主花材花色契合、颜色柔和的赤陶花盆为宜。

长度：16cm

宽度：16cm

深度：28cm

✱ 规划

【主花材】
❶ 秋牡丹 ×2

【配花材】
❷ 鼠尾草 ×1
❸ 矾根 ×1

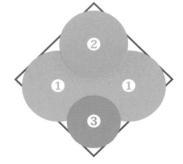

花盆一角朝前，主花材种植在左右角处，配花材种植在前后角处。

✿ 步骤

1 确定秋牡丹的正面，并确定种植位置。

2 在左右角种植秋牡丹。摘掉植物下部叶子以防闷热。

3 在后角种植鼠尾草，让花朵向外延展。

4 在前角倾斜种植矾根，这样叶子就会垂下来。

5 填入土壤，用棒戳实。

6 调整好花和叶的位置后浇水。

⚑ 示 例

明暗混栽

将配花材的叶子与浅粉色的秋牡丹相匹配。以深色的叶子为基底，花色明亮的主花材脱颖而出。

———————————

❶ 秋牡丹 ⬤ / ❷ 薹草 / ❸ 莲子草 ⬤ /
❹ 草珊瑚 ◑

用白色统一

白色重瓣秋牡丹搭配带有白色的配花材。在植株底部使用稍暗的叶子来隐藏花盆的边界。

———————————

❶ 秋牡丹 ○ /
❷ 臭叶木 ⬤ /
❸ 大戟 ◐ /
❹ 六月雪 ◐

大丽花

大丽花的花朵层层叠叠又华丽，花色丰富。

比起高型品种，矮化品种更适合混栽。

混栽要点

- 像这样的红色迷你品种大丽花，十分适合用于混栽。

- 使用与主花材同一个色系的秋季果实作为配花材。

- 处理幼苗时要小心，因为花朵很容易掉落和折断。

✽ 使用花盆

使用与主花材大丽花契合的镀锡铁制花盆，营造出明亮的氛围。

直径：21cm

深度：19cm

✽ 规划

【主花材】
① 大丽花×2

【配花材】
② 红叶千日红×1
③ 南白珠×1
④ 长叶木藜芦（彩虹）×1

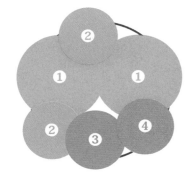

大丽花种植在中层，上层和下层种植高型配花材。

✳ 步骤

1 将大丽花种在花盆中央，根据花的颜色确定配花材的位置。

2 摘掉大丽花下部叶子后种植，以防止闷热。

3 将红叶千日红分株，分别种植在前、后景中。

4 以微斜的角度种植南白珠，以便它从花盆中垂下。

5 将长叶木藜芦种植在南白珠旁边，略微倾斜。

6 将土壤填入盆中，用棒戳实，整理好叶子后浇水。

示 例

单色混栽

使用和黄色大丽花同一个色系的叶子搭配。叶色深的红叶千日红是重彩。

❶ 大丽花　　　／❷ 鼠尾草 ●／
❸ 红叶千日红 ●／❹ 薹草　　　／
❺ 牛至 ○／❻ 矾根 ○

高型混栽

高型大丽花开着大量的花朵，只搭配叶子作为配花材就很好看了。

❶ 大丽花 ●／
❷ 新西兰槐 ●／
❸ 显脉聚星草 ◐／
❹ 薜荔 ◐

用绿色引人注目

大丽花的叶子和花朵都很特别，与浅色叶子的配花材相搭配。选择有动感的叶子，营造自然的氛围。

❶ 铜叶大丽花　　　／❷ 头花蓼 ○／
❸ 八重帛石南 ○／❹ 发草 ●

辣椒

观赏辣椒主要用于混栽。

它有多种颜色和形状，既适合作为主花材也适合作为配花材使用。

✽ 使用花盆

辣椒混栽可以选择轻质的镀锡铁制花盆。

宽度：15cm

长度：27cm

深度：18cm

混栽要点

● 成熟的辣椒很难变色。可以观赏未成熟的辣椒逐渐成熟过程中的颜色变化。

● 以红色为基调，从未成熟的橙色到成熟的红色，可以观赏到不同变化的混栽。

● 果实可以观赏的时间比较长。

✽ 规划

【主花材】
❶ 辣椒 ×4

【配花材】
❷ 红脉酸模 ×1
❸ 珍珠菜 ×1

将红色、白色及紫色的主花材对称种植，与主花材同一个色系的配花材就近种植。

✱步骤

1 确定辣椒的位置，同时考虑配花材的种植位置。

2 应该通过摘掉辣椒的下部叶子来改善通风状况。

3 呈对角线种植红色、白色和紫色的辣椒。

4 在左侧种植红脉酸模。

5 将珍珠菜分株，种植在正面前方和右后方。

6 填入土壤，用棒戳实，调整好叶子位置后浇水。

示例

观赏形状和质感不同的混栽

主花材的果实和配花材的花序虽然是同一个色系的，不过形状和质感都不同。用配花材的叶子来提亮整体。

❶ 辣椒 ● ／ **❷** 红尾铁苋菜 ／ **❸** 兰香草 ○

补色混栽

主花材以绿色和黄色为基底，搭配作为补色的紫色。叶色和叶形各异的配花材可以打造出动感。

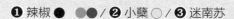

❶ 辣椒 ● ●● ／ **❷** 小蘗 ○ ／ **❸** 迷南苏

金光菊

金光菊的特点是黄色、橙色和棕色的花朵。

花期长，数株一起种植非常值得一看。

- 金光菊花朵的中心和花瓣的颜色不同，所以选择配花材时要选择与两者中的一种为同色系的来搭配。

- 金光菊能长得很高，选择中层和下层高度的配花材。

✽ 使用花盆

选择与主花材颜色相匹配的花盆。由于金光菊能长得很高，因此要选择高脚花盆来平衡。

直径：27cm

深度：26cm

✽ 规划

【主花材】
① 金光菊（黑心菊）×3

【配花材】
② 雨地花 ×1
③ 黄帝菊 ×1
④ 过江藤 ×1

上层为金光菊，中层和下层是配花材，基部不留空隙，要选择茂盛型的配花材。

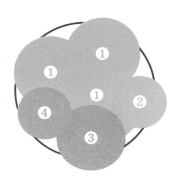

✽ 步骤

1 确定花的正面，根据主花材想好配花材的种植位置。

2 摘掉金光菊下部叶子来保持通风良好。

3 在花盆后景处以三角形种植3株金光菊。

4 在右侧种植雨地花，在正面稍微倾斜种植黄帝菊，让其从花盆中垂下。

5 将过江藤分株，让其叶子向前面延展，集中种植在左侧。

6 填入土壤，用棒戳实，调整花和叶的方向后浇水。

金光菊 示例

连接颜色以打造统一感

金光菊花蕊的颜色与配花材阔叶山麦冬的花色，以及匍匐筋骨草的叶色相搭配，打造出统一感。不同形状的绿叶更能突显主花材的色泽和形状。

❶ 金光菊 ⚪ ／❷ 阔叶山麦冬 ⚫ ／
❸ 匍匐筋骨草（红酒之光）⚫

打造三层高低差，扩展空间

为了利用金光菊花朵数量多和向上生长的优势，在基部种植深色的莲子草，中间种植红龙小头蓼，让空间显得更宽敞。

❶ 三裂叶金光菊 ⚪ ／❷ 红龙小头蓼 ◑ ／
❸ 莲子草 ◕

用紫色叶子柔和花色，打造优雅混栽

以3种颜色的金光菊作为主花材，夹在类比色的红叶千日红和矾根之间。搭配紫色的叶子，淡化了金光菊鲜艳的花色，给人一种优雅的印象。

❶ 金光菊（黑心菊）⚫ ／❷ 红叶千日红 ⚫ ／
❸ 矾根 ⚫

第五章

冬季混栽

11月后天气越来越寒冷，植物也会停止生长。

尽管如此，也可以用还能开花的植物作为主花材打造酷似冬季植物的混栽。

银莲花

银莲花的花色有红色、白色、紫色、蓝色等多种，也有重瓣品种。
它在初夏枯萎，如果把球茎挖出来，在秋季还能再种植。

混栽要点

- 由于下一个花蕾很难出现，因此选择有许多花蕾的幼苗。

- 银莲花有很多叶子，所以摘除那些折断或枯萎的叶子。

- 花和叶子以不增添过多颜色为宜，以营造优雅的外观。

❋ **使用花盆**

选择与银莲花的白色和蓝色相得益彰的自然风的黑色花盆。不过黑色花盆被土壤弄脏后很难清理，所以要小心。

直径：20cm

深度：19cm

❋ **规划**

【主花材】
① 银莲花 ×3

【配花材】
② 千叶兰 ×1
③ 野甘蓝 ×1

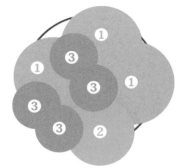

从白色到蓝色的主花材在后景处排列成三角形。配花材种植在前景，用来掩盖植株基部。

✱ 步骤

1 确定主花材的正面，并考虑将配花材放在哪里。

2 将银莲花的断叶摘下，在花盆的后景处将3株银莲花种成1个三角形。

3 以微斜的角度种植千叶兰，使其悬挂在花盆上。

4 将野甘蓝分株，不要让土壤进到植株的中心。如果不小心将土壤掉进去，将植株倒置抖出。

5 在每个空隙处种植野甘蓝。野甘蓝在春季会长得很高，所以要深植。

6 填入土壤，用棒戳实。调整好叶子的位置后浇水。

示例

单色混栽

红色主花材中混了一些黄色，搭配的配花材中混了一些蓝色。为了突显主花材的高度，在基部种植配花材。

❶ 银莲花 ○● ／ ❷ 堇菜 ● ／ ❸ 野甘蓝 ● ／
❹ 亚洲络石 ●

大小不同的混栽

上部生长大个主花材，并在基部种植小叶和小花植物作为配花材。利用植株大小不同为混栽打造立体感。

❶ 银莲花 ●● ／ ❷ 香雪球 ○ ／ ❸ 三叶草 ● ／ ❹ 金鱼草 ●

欧石南

欧石南有许多细叶及壶形的小花。
它适合冬季花朵稀少时作为混栽的花材使用。

混栽要点

- 将单色的花草组合在一起，用中间色、形状与质感差异来打造一组活泼的混栽。

- 让欧石南的枝条向内展开，这样就不会向外扩散得太多。

- 颜色相近的植物应分开种植。

✱ **使用花盆**

使用颜色沉稳的赤陶花盆。让苔藓任意生长，打造出自然感。

直径：23cm

深度：22cm

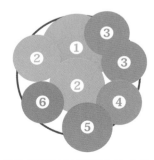

在花盆后景处种植高大的主花材和配花材。在前景处种植矮小的配花材。

✱ **规划**

【主花材】
① 欧石南（kurisutarumun）×1
② 欧石南（粉红色）×2
【配花材】
③ 彩桃木（魔法龙）×1
④ 芥菜×1
⑤ 平铺白珠树×1
⑥ 红脉酸模×1

✽步骤

1 确定花的正面，并考虑在哪里种植配花材。

2 去除幼苗上的苔藓，使其枝条向内侧伸展。

3 将已经变成红叶的彩桃木分株，与粉红色的欧石南分开并种植在花盆的后景处。

4 为了衔接欧石南和彩桃木的颜色，在两者之间种植单色的芥菜、平铺白珠树。

5 将红脉酸模分株，调整叶子的方向，将植株种植在左前方。

6 填入土壤，用棒戳实。调整枝叶方向后浇水。

⚑ 示 例

颜色和高度的平衡

将主花材欧石南放在上层，深色的金鱼草放在中层，浅色叶子放在下层，让颜色和高度都达到平衡。

❶ 欧石南 ●／❷ 金鱼草 ●／
❸ 铁筷子 ／❹ 硬毛百脉根 ◐

整体为白色的混栽

全体呈浅白色的混栽。深色的配花材是重彩。

❶ 欧石南（白光）○／
❷ 大花三色堇 ● ／
❸ 紫罗兰 ／❹ 长阶花 ●／
❺ 超级香雪球 ○／❻ 榄叶菊

单色混栽

将单色系的配花材与浅粉色的主花材相配。通过花色的渐变来呈现细微差别。

❶ 欧石南 ◑／❷ 花园仙客来 ●／
❸ 三色堇 ／❹ 红脉酸模 ◐／
❺ 芥菜 ●／❻ 亚洲络石 ●

花园仙客来

花园仙客来是一种耐寒的仙客来品种。
它比一般仙客来矮小，是冬季混栽的主要花材。

混栽要点

- 花园仙客来定植前要摘掉下部叶子和枯花。虽然它的耐寒性强，但在1~2月的严冬季节，还是搬到室内进行管理为宜。

- 花园仙客来从中心开花，所以适合浅植。

✳ 使用花盆

使用简单自然的赤陶花盆，能充分展现主花材的花色。

直径：22cm

深度：24cm

124

✱ 规划

【主花材】
❶ 花园仙客来×3

【配花材】
❷ 针叶树×1
❸ 茵芋×1
❹ 羽衣甘蓝×1
❺ 常春藤×1

在后景处种植高的植株，在前景处种植矮的植株。配花材要选择与主花材同一个色系的。

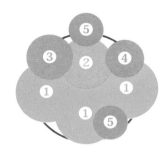

✱ 步骤

1 主花材放在正面，然后考虑配花材的位置。摘掉针叶树下部叶子，去除苔藓后定植。

2 摘掉花园仙客来的下部叶子和枯花。

3 沿着针叶树浅植花园仙客来，并填足土壤。

4 取出茵芋，注意不要破坏根坨，并将羽衣甘蓝根坨缩小后定植。

5 将常春藤分株，分别在正面和背面种植。调整枝条，让枝条向前伸展。

6 把土填入花盆中，用棒戳实。整理好花和叶后浇水。

花园仙客来

优雅的混栽

根据仙客来沉稳的色彩来选择配花材。选择与仙客来同一个色系的深色三叶草，长阶花与仙客来叶子的颜色相匹配，而六月雪的浅色花朵能突显主花材。花盆使用沉稳的赤陶花盆，整体营造出雅致的氛围。

❶ 仙客来（森林之妖） /
❷ 长阶花 ◑ / ❸ 三叶草 ◑ /
❹ 六月雪 ●

并排空间

按顺序将拟蜡菊、花园仙客来、野甘蓝和常春藤分别种成一排，突显花朵的存在感。不要将花种成笔直的一条线，要稍微有一些参差，以免乏味。

❶ 花园仙客来 ● / ❷ 野甘蓝 ◑ /
❸ 常春藤 ◑ / ❹ 拟蜡菊

三色混栽

配花材的颜色限定为粉红色、白色和绿色，以匹配主花材（花园仙客来）的花色。主花材的颜色要多，搭配出平衡感。使用篮子作为花盆，营造自然浪漫的氛围。

❶ 花园仙客来 ◑ / ❷ 红脉酸模 ◑ / ❸ 香雪球 ○ ● /
❹ 宽萼苏 / ❺ 帚石南 ◑ / ❻ 千叶兰 ●

用白色打造统一感

主花材花园仙客来的花色和白色的堇菜相匹配。叶子为银色的榄叶菊，整体为白色，马蓝的深色给人一种鲜明的色调。

❶ 花园仙客来 ○ / ❷ 榄叶菊 / ❸ 堇菜 ○ /
❹ 喜雅紫叶马蓝 ● / ❺ 大戟

3 种耐寒的花演绎早春

花瓣带深粉色的花园仙客来是主花材，两侧种植流苏般盛开的报春花和天蓝龙面花，营造出柔和的外观。这些花都是耐寒性强的花，所以混栽能让你提前感受到春季的到来。

❶ 花园仙客来 ◑ ／❷ 报春花 ● ／
❸ 天蓝龙面花 ● ／❹ 拟蜡菊

从前到后
颜色加深

为了突出纯白色的花园仙客来，将紫色的花园仙客来、带有黑色枝条和小银叶的秋叶果、深色的矾根结合起来，形成沉稳的颜色组合。空间从左前向后方和上方扩展。

❶ 花园仙客来 ○● ／❷ 秋叶果 ◐ ／❸ 芥菜 ● ／❹ 矾根 ●

优雅的红白混栽

以浓郁的红色花园仙客来为主题的花环。与雅致的主花材相匹配的颜色是具有不同质感的白色，如屈曲花和银叶菊。将百里香插入空隙，打造动感。

❶ 花园仙客来 ● ／❷ 屈曲花 ○ ／
❸ 银叶菊 ／❹ 百里香 ●

主花材被明亮的颜色包围的混栽

主花材花园仙客来居中，四周加上色彩鲜艳、叶子略小的屈曲花和金鱼草。通过鲜艳的颜色和小叶形，让主花材更加突出。

❶ 花园仙客来 ● ／❷ 屈曲花 ○ ／❸ 牛至 ○ ／
❹ 金鱼草 ◐ ／❺ 海桐 ●

圣诞玫瑰

圣诞玫瑰通常是指东方嚏根草，不过在日本东方铁筷子也被称为圣诞玫瑰。

混栽要点

- 配花材也统一为白色，与圣诞玫瑰的白色花朵相配。

- 圣诞玫瑰的下部叶子很容易损坏和遮阳，所以要摘掉。

- 叶子很大，容易脏，要注意及时擦干净。

✳ 使用花盆

准备一个有深度的花盆，可以长期观赏。花盆选择能突显白色的沉稳颜色。

直径：21cm

深度：23cm

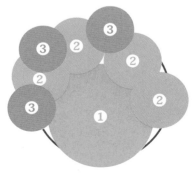

✳ 规划

【主花材】
① 圣诞玫瑰 × 1

【配花材】
② 屈曲花 × 2
③ 多花素馨 × 1

主花材种植在中央稍微偏左的位置，周围种植配花材，将主花材包围。

✤ **步骤**

1 确定主花材的正面，并根据主花材的位置考虑配花材的种植位置。

2 去除圣诞玫瑰上的苔藓，摘掉粘上泥土的叶子。

3 将圣诞玫瑰种植在前景的中心处。

4 将2株屈曲花都分成两半，种在花盆的后景处，包围住圣诞玫瑰。

5 将多花素馨分成3株，分别种植在花盆的后景处和左侧，使叶子朝前。

6 填入土壤，用棒戳实。调整枝条和叶子后浇水。

⚑ 示 例

用明暗的颜色
突出主花材

配花材香雪球的白色和大戟的深紫色，共同打造颜色的明暗，突显主花材——圣诞玫瑰。

❶ 圣诞玫瑰 ◐○／❷ 大戟 ●／
❸ 香雪球 ○

用主花材的花色收拢

隐藏在主花材花瓣中的颜色是亮点，可以收拢白色和紫色。用银色叶子的银叶菊做装饰。

❶ 圣诞玫瑰 ◐／
❷ 白雪喜沙木 ◐／
❸ 香雪球 ●／❹ 银叶菊 ○

用绿色系收拢混栽

为了搭配圣诞玫瑰的花色，在基部种植绿色的配花材收拢混栽。筋骨草的蓝色是重彩。

❶ 圣诞玫瑰 ○／❷ 筋骨草 ●／
❸ 干叶兰 ◐／❹ 矾根 ◐

茵芋

茵芋3~4月开花，不管花蕾是红色还是绿色，都值得观赏。

混栽要点

- 去除茵芋上的苔藓，并摘掉下部叶子。不要打散根坨。

- 雅致的配色适合圣诞节和新年。

- 在需要使用大量植株的混栽中，能松根的尽量松根。

✳ 使用花盆

因为是雅致的深色系混栽，要使用明亮的赤陶花盆。

直径：23cm

深度：22cm

✳ 规划

【主花材】
❶ 茵芋（鲁贝拉）×1
❷ 茵芋（白手套）×1

【配花材】
❸ 欧石南×1
❹ 野甘蓝×2
❺ 报春花×1
❻ 野草莓×1
❼ 常春藤×1

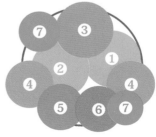

从后景开始按高度顺序种植。将配花材放置在上下两层，并确保下层的配花材不与主花材颜色重叠。

✱ 步骤

1 确定花的正面，按高度顺序排列，并考虑配花材种植的位置。

2 摘掉茵芋的下部叶子。在花盆后景处种植高大的欧石南和茵芋。

3 由于幼苗较多，野甘蓝需要松根1圈后种植在左右两侧。

4 报春花和野草莓与茵芋的颜色相近，要拉开一定距离种植。

5 将常春藤分株，按枝条伸展方向排成一行。种植在前景和后景处，使枝条包围住花盆。

6 填入土壤，用棒戳实。调整好叶子的位置后浇水。

少色的优雅

通过抑制颜色的数量，使主花材的花蕾、配花材的花形和叶形等协调一致，同时充分展现形态的个性。

❶ 茵芋 ◐ ／❷ 彩桃木 ● ／
❸ 堇菜 ◑ ／❹ 花园仙客来 ○ ／
❺ 常春藤 ◐ ／❻ 银叶菊

用彩叶衔接主花材和配花材

主花材在上层，下层种植配花材微型月季，间隙处插上彩叶，拉紧整体色调，营造统一感。

❶ 茵芋（白手套）○ ／
❷ 微型月季（绿冰）○ ／
❸ 紫金牛 ● ／❹ 香桃木 ● ／
❺ 亚洲络石 ●

通过明暗对比聚焦主花材

用配花材鲜艳的花朵、绿叶、银叶等来提升亮度，让红色的主花材脱颖而出。

❶ 茵芋 ● ／❷ 大果柏 ○ ／
❸ 花园仙客来 ● ／❹ 亚洲络石 ◐ ／
❺ 沿阶草 ◐

野甘蓝

Ornamental cabbage

野甘蓝，美丽的叶子像玫瑰一样重叠。
由于株型越来越小，它成为冬季混栽不可或缺的花材之一。

混栽要点

- 尽可能地抖落土壤并将其深植，野甘蓝给人柔和的印象。

- 如果准备悬挂起来，先水平放置3天左右，让土壤沉淀，然后再挂起来。

- 花环混栽相对容易，按照规则种植就行。

✽ 使用花盆

使用可以悬挂的花环或花盆。通常配有便于悬挂的挂钩和麻布。

直径：40cm（外圈）

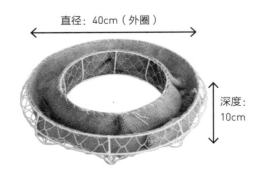

深度：10cm

✱ 规划

【主花材】
① 野甘蓝（alakaruto kololon）×5
② 野甘蓝（白喇叭）×3

【配花材】
③ 香雪球×3

将主花材和配花材分株，组成5组。

✱ 步骤

1 确定要悬挂的部位（顶点），并确定混栽的正面。

2 将每株野甘蓝的枯叶和下部叶子摘掉，抖落土壤时注意不要伤到根部，并将其深植。

3 将数株野甘蓝分株种植。较小的植株与相同大小的植株组合在一起种植。

4 将香雪球也以相同的方式分株并按顺序种植。

5 将土壤填入其中，用棒戳实，并用浸过水的水苔覆盖土壤的裸露部分。

6 定植后，在盆中注满水，浸泡约1h，让其充分吸收水分。

野甘蓝

用两种不同大小的植物来强调强弱感

色彩优雅的野甘蓝和香雪球纯白色的小花是绝配。通过使用不同大小的植物，可以为整个混栽增加强弱差。关键要不对称地排列野甘蓝，打造自然感。同时，香雪球微甜的香味也是一种享受。

❶ 野甘蓝 ◑● / **❷** 香雪球 ○

紫色和绿色的双色混栽

通过组合紫色和绿色2种补色系颜色来突显彼此。在双色混栽中，让2种颜色体量存在差别的效果最好。在本组混栽中，增加了野甘蓝的紫色量，保持整体和谐。

❶ 野甘蓝 ● / **❷** 帚石南 ● / **❸** 老鹳草 ● /
❹ 珍珠菜 ○

用单色收拢，彰显花形变化

为了搭配主花材野甘蓝的颜色，配花材帚石南选择了紫色种，而屈曲花选择了白色种。单色混栽，可以通过不同形状的花朵来增加变化，给人平静的感觉。

❶ 野甘蓝 ◑ / **❷** 屈曲花 ○ / **❸** 帚石南 ●

雅致、柔和的色彩组合

将浅色的野甘蓝、鲜艳的硬毛百脉根、银叶菊等植物的叶子组合在一起，以独特雅致的野甘蓝为主花材的混栽，柔和的颜色是亮点。锋利叶形的显脉聚星草增添了动感。

❶ 野甘蓝 ◐○ / ❷ 硬毛百脉根 ◐ /
❸ 银叶菊 ○ / ❹ 铁筷子 ● /
❺ 显脉聚星草 ◐ / ❻ 常春藤 ●

有颜色明暗对比的混栽

在中心种植斑叶的野甘蓝（江户小町品种），提亮整体，用深色花叶的配花材包围主花材。屈曲花和堇菜的花色收紧了整个混栽。在上层种植高型野甘蓝，可以产生纵深感和立体感。

❶ 野甘蓝（江户小町、高型）●●◐ / ❷ 屈曲花 ○ /
❸ 堇菜 ● / ❹ 野芝麻 ◐ / ❺ 圆锥榄叶菊 ○ /
❻ 常春藤 ●

充分利用颜色层次的混栽

从深色的光子极点野甘蓝开始，周围按颜色深浅种植浅色的摩卡咖啡和江户小町，渐变的紫色给人一种优雅的印象。将复色的紫金牛插在各处，使混栽不会显得过于厚重。

❶ 野甘蓝（光子极点、摩卡咖啡、江户小町）●◐ ●◐ /
❷ 紫金牛 ◐

注意主花材和配花材的重彩

主花材是大个圆润的野甘蓝，配花材为细长线形叶的松红梅、红叶的亚洲络石。沉稳的颜色协调了3种不同形状的植物。搭配色调提高了整体的凝聚力。

❶ 野甘蓝 ●◐ / ❷ 松红梅 ● /
❸ 亚洲络石 ●

三色堇

三色堇的花期很长，能从冬季开花到春季。
它与堇菜的区别在于花朵的大小，其他基本性质相同。

- 如果三色堇的下部叶子枯死，要及时摘掉。轻轻松开根部。

- 将单色系的花呈对角线种植。

- 尝试用三色堇作为主花材，种满整个篮子。

✿ 使用花盆

按照花篮的形象准备篮子。
在塑料膜底部戳几个小口，
让水可以流出。

长度：33cm

宽度：23cm

深度：10cm

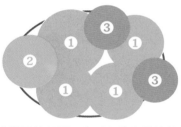

✿ 规划

【主花材】
① 三色堇 ×4

【配花材】
② 帚石南 ×1
③ 迷南苏 ×1

确定篮子的正面，在对角线上种植单色系
的主花材。将配花材放在左侧和右侧。

✽ 步骤

1 确定三色堇花朵的正面，并考虑在哪里种植配花材。在篮子底部的薄膜上开几个小口。

2 摘掉三色堇枯萎的下部叶子，并轻轻松开根部。

3 将同一个色系的三色堇种在一条对角线上，对齐颜色。

4 调整帚石南的枝条，让其向正面伸展，种植在正面的左侧。

5 将迷南苏分株，并种植在右侧和后面。

6 将土填进去，用棒戳实后浇水。

示 例

色彩柔和轻盈的混栽

主花材三色堇搭配柔和色彩的配花材。利用黑龙沿阶草创造曲线，增加轻盈感。

❶ 三色堇 ◐ / ❷ 紫罗兰 ⬤ /
❸ 小冠花 ◐ / ❹ 龙面花 ◯ /
❺ 拟蜡菊 ◯ / ❻ 黑龙沿阶草 ◐

用竖直的线条
打造成熟感

用浅蓝色和黄色的三色堇营造氛围，并用仙客来水仙和白雪喜沙木收紧垂直线条。

❶ 三色堇 ⬤ /
❷ 白雪喜沙木 ◯ /
❸ 仙客来水仙 /
❹ 香雪球 ⬤ / ❺ 野甘蓝 ◐

突出主花材的白色配花材

选用白色的花朵和银色的叶子，突出褶边花瓣的主花材三色堇。

❶ 三色堇 ⬤ / ❷ 白亮千里光 ◯ /
❸ 屈曲花 ◯ / ❹ 红脉酸模 ◐ /
❺ 香雪球 ◯

堇菜

这是一种可以在早春长时间观赏的珍贵花材，花色丰富。

漂亮的花朵渐次绽放。

混栽要点

- 将堇菜与花色和形状稍有不同的花材相结合，可以打造出即使为单色也不会令人厌倦的渐变混栽。

- 百脉根的叶色能突显花朵，将其分株使用。

- 使用根坨大小不一的花材时，要打散根坨底部，使种植高度一致。

✳ 使用花盆

使用与花色相匹配的亮灰色篮子作为花盆，更能展现堇菜的自然感。

深度：15cm

长度：25cm

✱ 规划

【主花材】
❶ 董菜（白粉色）×1
❷ 董菜（褐色）×1
❸ 董菜（粉色）×1

【配花材】
❹ 硬毛百脉根（bulimu stone）×2

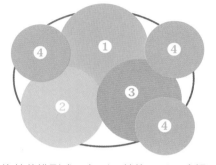

将董菜排列成三角形，并将硬毛百脉根
分株。

✱ 步骤

1 确定董菜的正面，并考虑配花材的种植位置。在篮子底部的薄膜划开几个口。

2 摘下董菜枯死的下部叶子，将它们种植成三角形。

3 把硬毛百脉根分株，微微倾斜种植，让其从花盆中垂下。

4 填入土壤，用棒戳实。

5 用吸收了水分的水苔覆盖土壤裸露部分。

6 最后浇水。

堇菜

用黄色堇菜连接颜色

黄色背景中央的堇菜中心为紫色。为了配合黄色，选用单色花毛茛；为了配合堇菜中心的紫色，另一种堇菜选用蓝紫双色的品种。通过颜色的连接，整个混栽呈现出统一感。

❶ 堇菜 ◗ ／❷ 花毛茛 ◗ ／❸ 百脉根 ◗ ／
❹ 紫金牛 ◗ ／❺ 长阶花 ◗

高型混栽

上层是斑叶长阶花，中层是主花材堇菜，下层是香雪球和三叶草。用高低差打造立体感。同时，要避免植株对称种植，稍微随意排列更能营造出自然感。

❶ 堇菜 ◗ ／❷ 斑叶长阶花 ◗ ／❸ 香雪球 ○ ／
❹ 三叶草 ◗

柔和的混栽

紫罗兰色的宿根堇菜和有些枯燥雅致色彩的百里香组合。石制花盆中仅种植2种花材，可以营造出田间野趣，并强调其存在感。

❶ 堇菜 ／❷ 百里香 ◗

以绿色突显菫菜

为了突出主花材菫菜的深红色，配花材使用了蓝色的野甘蓝和鲜绿色的叶子。从花盆中垂下的千叶兰和忍冬，轻盈而动感十足。

❶ 菫菜 ◗ / ❷ 千叶兰 ○ / ❸ 海桐 ○ /
❹ 野甘蓝（黑宝石） / ❺ 忍冬

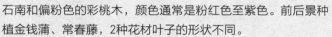

集中展现粉红色到紫色的渐变

以开小花的菫菜为主花材。穗状盛开的帚石南和偏粉色的彩桃木，颜色通常是粉红色至紫色。前后景种植金钱蒲、常春藤，2种花材叶子的形状不同。

❶ 菫菜 ◕◕ / ❷ 帚石南 ◕ / ❸ 彩桃木（魔法龙）◐ /
❹ 金钱蒲 ○ / ❺ 常春藤 ●

以华丽的花朵营造浪漫印象

用3种类型的菫菜演绎从紫色到白色的渐变，营造出轻盈华丽的外观。银绿色的银旋花、天鹅绒般质感的银叶菊为混栽增添了铂金光泽，打造浪漫形象。

❶ 菫菜 ●●○ / ❷ 银旋花 ◕ / ❸ 银叶菊 /
❹ 拟蜡菊 / ❺ 常春藤 ◕

红配绿的经典搭配

将色彩丰富的菫菜与普通百里香、百里香等不同颜色的绿色配花材相结合。深红色和绿色给人一种古典的印象。

❶ 菫菜 ● / ❷ 普通百里香 ◐ / ❸ 百里香 ◐

报春花

报春花是报春花科植物，有多种园艺品种，有鲜艳花色的品种，也有雅致花色的品种，还有像玫瑰一样绽放的品种。

混栽要点

- 报春花在种植前要摘掉枯叶、折叶，以及残花留下的茎。浅植，不要让土壤进入花朵中心。

- 选择具有相同绿色的配花材。

❋ 使用花盆

花盆选择稳重的颜色，与报春花形成生动对比。

长度：28cm

宽度：11cm

深度：13cm

✱ 规划

【主花材】
❶ 报春花（红色）×1
❷ 报春花（粉色）×1
❸ 报春花（黄色）×1
【配花材】
❹ 欧石南×1
❺ 千叶兰×1

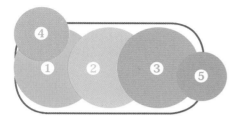

布局简洁，中间为主花材，前后为配花材。确定主花材位置时要考虑色彩平衡。

✱ 步骤

1 确定报春花的正面，并考虑配花材的种植位置。

2 摘掉报春花的折叶、枯叶和残花的茎，轻轻松开根部。

3 浅植报春花。如果中心为绿色，左右两边分开；如果红色在中间，颜色就过强了。

4 将欧石南整理成适合放入空隙的大小，然后将其种植在左后方。

5 将千叶兰整理成适合放入空隙的大小，然后将其种植在右前方。

6 填入土壤，用棒戳实。调整好叶子的位置后浇水。

报春花  示例

鲜艳的花朵和浅色的叶子
为色彩增添了力量

花色鲜艳的报春花是主花材，配花材是柠檬绿色的硬毛百脉根和浅绿色的雪朵花，混栽整体颜色明快鲜艳。通过色彩强弱的对比，突显主花材。

❶ 报春花 ●● ● / ❷ 雪朵花（百可花）○ /
❸ 硬毛百脉根 ◐

从白到绿渐变的混栽

主花材为有2种花色的报春花，分别为纯白色和浅绿色。两者都呈玫瑰状盛开，褶边花瓣，很有存在感。配花材选用以白色小叶为特征的常春藤和鲜绿色的海桐来平衡整体。

❶ 报春花 ○○ / ❷ 常春藤 ◐ /
❸ 海桐 ●

古色古香的雅致混栽

古色古香的报春花搭配白色的黄水枝和带有粉红色斑点的臭叶木。以单色为基调，利用花形和叶形的不同来打造变化感。

❶ 报春花 ● / ❷ 黄水枝 ○ / ❸ 臭叶木 ◐ /
❹ 雪朵花（百可花）○

用小叶和小花衬托独特的主花材

主花材报春花的花瓣上有条纹。用千叶兰和屈曲花等小叶和小花装饰在独特的主花材周围。如果让千叶兰从篮子里垂下，更显自然。

❶ 报春花 ●● / ❷ 千叶兰 ◐ / ❸ 屈曲花 ○ / ❹ 堇菜 ◗

双色花环

白色和黄色的混栽，用屈曲花将报春花连接成花环。通过白色的常春藤，让其显得不单调，并且在整个混栽中营造出统一感。

❶ 报春花 ○ ／❷ 屈曲花 ○ ／
❸ 常春藤 ◐

单色花叶

以柠檬绿色的报春花为主花材，加入柠檬色的喜沙木、大戟、欧石南，配花材叶子使用悬钩子。花色和叶色是单色系的，演绎出和谐之美。

❶ 报春花 ○ ／❷ 喜沙木　／
❸ 大戟 ◐ ／❹ 欧石南　／
❺ 悬钩子（经典白寒莓）◐

用3种叶子推高主花材

为了强调像玫瑰一般盛开的报春花的优雅，配花材没有选择花，而是使用了珍珠菜、干叶兰和三叶草。3种植物的叶子有不同的质感、形状，绿色的饱和度也不同，可以打造出变化感和动感。

❶ 报春花 ● ／❷ 珍珠菜（花叶临时救）○ ／❸ 干叶兰 ○ ／
❹ 三叶草 ◐

樱草

樱草是报春花科植物，花朵一起盛开，在冬季混栽中很受欢迎。

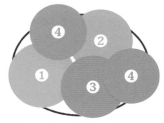

混栽要点

* 摘掉樱草折断或枯死的叶子。处理时要小心，因为茎很容易折断。

* 将玫红色至紫色的单色系花放在一起。

* 抖落帚石南的一部分土壤并进行调整，使枝条不会过于分散。

✳ 使用花盆

使用里面铺有薄膜的篮子作为花盆。颜色和质地的自然感十足，能充分展现樱草的花色。

长度：30cm

宽度：20cm

深度：15cm

✳ 规划

【主花材】
1 樱草（玫红色）×1
2 樱草（白色）×1
3 樱草（紫色）×1

【配花材】
4 帚石南×2

将主花材呈三角形种植，看起来很自然，种植配花材时也要注意不要对称种植。

✱ **步骤**

1 确定樱草的正面，并考虑配花材的种植位置。在薄膜底部切开几个小口。

2 摘掉樱草的断叶、枯叶和无花的茎，轻轻抖开根部。

3 樱草应浅植，以免土壤进入植株中心。

4 将帚石南的土壤抖落，让其根坨缩小一圈，如图片右侧所示。

5 调整方向，使花朵不会向外伸展，并在左后方和右前方种植帚石南。

6 填入土壤，用棒戳实。调整好叶子的位置后浇水。

⚑ 示 例

打造有立体感的混栽

高型的主花材放在上层，中层和下层的花材花形不同。羽叶薰衣草可能会提前上市。

───────────

❶ 樱草 ○／❷ 堇菜 ●／
❸ 羽叶薰衣草 ●／
❹ 硬毛百脉根 ◐／
❺ 常春藤 ◐

用形状突显主花材

使用小花、叶子和果实作为配花材，使圆形的主花材更引人注目。红色的配花材是重彩。

───────────

❶ 樱草 ○　／❷ 朱砂根 ●／
❸ 南天竹 ●／❹ 头花蓼 ○

用 3 种叶子来协调

用3种不同质地和颜色的叶子作为配花材，协调主花材雅致的花色。用铜叶收紧整体。

───────────

❶ 樱草 ◐◐／❷ 铁筷子 ◐／
❸ 芥菜 ●／❹ 常春藤 ◐

混栽植物商品名录

主花材推荐植物

这是本书介绍的混栽中作为主花材出现的植物名录。

作为参考请了解每种植物的特点。

绣球

绣球科　灌木　高 蔑

花期 6 月 ~9 月上旬

高度 30cm 以上　花色 ●●●○

绣球种类繁多，有像框架一般的平顶绣球，西洋绣球也很受欢迎。在阴凉处可以生长良好，可以观赏到它们变化多彩的颜色。

银莲花

毛莨科　多年生草本　高

花期 2 月中旬 ~5 月中旬

高度 10~45cm　花色 ●●●○

有红色、紫色和蓝色等多种鲜艳的花色。有单瓣、重瓣、半重瓣等品种，品种不同，样式各异。放置在阳光充足的地方进行管理为宜。

英国薰衣草

唇形科　多年生草本　高

花期 5~6 月

高度 30~100cm　花色 ●●●○

即使在薰衣草中香味也很出众，是营造自然感的理想选择。不喜高温多湿环境，进入梅雨期后也要及时修剪，这样才能长时间观赏。

松果菊

菊科　多年生草本　高

花期 6~9 月

高度 40~80cm　花色 ●●●○

花的中心膨胀成球形，给人很强的视觉冲击。花色、形状丰富多样，非常耐寒且易于种植。

欧石南

杜鹃花科　灌木　高

花期 11 月 ~ 第 2 年 4 月

高度 20~100cm　花色 ●●○

有高型种、匍匐种，有些品种小花聚集成穗，也有些在枝尖绽放壶形花的品种。

骨子菊

菊科　宿根草本　高

花期 3~6 月

高度 30~50cm　花色 ○●●●

花色多样，有深有浅，还有复色等多种颜色。花形也很丰富，因品种不同样子也不同。摘残花后，花朵会接连绽放。

花园仙客来

报春花科　球根植物　高 广

花期 10 月 ~ 第 2 年 5 月中旬

高度 15~40cm　花色 ●●○

有耐寒性，开花时间长，非常适合做冬季混栽的花材。有些类型的花瓣形似流苏，有些花瓣是圆形的，有些花瓣卷曲，姿态各异。

桔梗

桔梗科　多年生草本　蔑

花期 6~10 月

高度 15~150cm　花色 ●○○

星形花朵的存在感很强，推荐用于日式混栽。虽然桔梗给人的印象是秋季花，但它在炎热的夏季也开花，而且每年都会开花。

菊花

菊科　一年生草本　高 广

花期 9~11 月

高度 20~100cm　花色 ●●●●

花色和品种繁多，有呈半球形开花的小型雏菊和紧凑且易于种植的洋菊等，是在混栽中很受欢迎的花材。

圣诞玫瑰

毛茛科　宿根草本　高广
花期 1~4 月
高度 20~50cm　花色 ○◐

有白色、浅绿色等花色，非常适合风格雅致的混栽。有耐寒性，喜半日阴环境。需要注意的是，夏季暴露在阳光下直射会损伤叶子。

鸡冠花

苋科　一年生草本　高
花期 7 月中旬 ~10 月中旬
高度 20~200cm　花色 ●●●

有球状、穗状、锥状等花形，花色丰富，适合各种风格的混栽。特别推荐用于花朵稀少的夏季混栽。

五彩苏

唇形科　一年生草本　广
观赏期 4~10 月
高度 30~70cm　叶色 ●●●●

叶色繁多，如铜叶、金叶、银叶、紫叶和黑叶等。不仅可以作为主花材，还可以作为重彩或用于营造色差。

一串红 / 鼠尾草

唇形科　一年生或多年生草本　高
花期 4 月中旬 ~12 月（一串红）
　　 5~6 月（鼠尾草）
高度 30~200cm（一串红）
　　 30~80cm（鼠尾草）
花色 ●●●○（一串红）　●◐（鼠尾草）

在人们的印象中一串红的花为鲜红色，但最近也出现了紫色、粉红色、白色和蓝色等花色。建议用于打造纵深感的混栽中，可以充分展现花姿。

百日菊

菊科　一年生草本　高广
花期 6~11 月
高度 30~100cm
花色 ●●●○

也名百日草。顾名思义，此花材的花期长，能不断开花。如今，也有绿色和五彩的花色。非常适合用于夏季混栽。

秋牡丹

毛茛科　多年生草本　高
花期 8 月中旬 ~11 月
高度 30~150cm
花色 ●◐○

花形繁多，有整齐的单瓣花、体积大的重瓣花、牡丹状花形等。喜阴凉。

蓝盆花

忍冬科　一年生或多年生草本　高
花期 4~6 月、9 月中旬 ~10 月
高度 10~100cm　花色 ●●○

柔和的色彩和独特的花形为其主要特征。要及时摘残花，这样就能让花朵接连绽放。因为不喜高温多湿环境，所以夏季要放在凉爽的地方管理。

茵芋

芸香科　灌木　高
花期 3 月
高度 50~100cm　花色 ●○

茵芋在晚秋到冬季期间长出小花蕾，春季开花。光艳的果实非常适合作为圣诞节或新年的混栽花材。

天竺葵

牻牛儿苗科　多年生草本　高广
花期 3 月 ~7 月中旬、9 月中旬 ~12 月
高度 20~70cm　花色 ●◐○

花色、形状和香味都可供人观赏。品种繁多，还有匍匐型品种。花期从春季到秋季，可以长期观赏。要适度进行摘残花管理。

石竹
石竹科　多年生草本　高广
花期 4~8 月
高度 10~60cm　花色 ●●○○

品种繁多，花色、花期、株高各不相同。鲜艳的色彩和锯齿状的花瓣赋予它出色的存在感。

大丽花
菊科　多年生草本　高
花期 5~10 月
高度 20~200cm　花色 ●●○○○

有3万多个品种，有单瓣、重瓣、绒球等各种花形。要及时摘除残花，以便营养回流供养接下来要开的花。

辣椒
茄科　一年生草本　广
观赏期 6~12 月
高度 20~100cm　果色 ●○●●

特点是果实色彩鲜艳，叶色丰富，如绿色、紫色和带斑纹的。观赏期很长，在花朵稀少的夏季是一抹亮彩。果实不断变化的颜色也很值得观赏。

蝴蝶草
母草科　一年生或多年生草本　茂
花期 5~10 月
高度 20~40cm　花色 ●●○○

像紫罗兰一样可爱的花形很有吸引力。耐寒且易于生长，即使在酷夏也能不断开花。掉在叶子上的花瓣要及时清理，以防病害。

旱金莲
旱金莲科　一年生草本　茂
花期 4~7 月
高度 20~70cm　花色 ●●○

又称金莲花。除了多彩的花色外，莲花般的圆形叶子也很有特色。有单瓣和重瓣的品种，有些品种的叶子是斑叶。

长春花
夹竹桃科　一年生草本　广
花期 7~11 月
高度 30~60cm　花色 ●●●●○

耐热性好，即使在盛夏也能生机勃勃地开花，是夏季混栽的理想选择。如果日照不足，开花就会不好，所以要放在阳光充足的地方进行管理。

喜林草
紫草科　一年生草本　茂
花期 3月下旬 ~5 月
高度 15~30cm　花色 ●●○●

柔和的蓝色小花绽放后像地毯一样铺开。还有紫花、白花的品种及银叶品种。通过及时摘除残花可以观赏很长一段时间。

马鞭草
马鞭草科　一年生草本、宿根草本　高广
花期 4月~11月中旬
高度 10~30cm　花色 ●●◐

有不耐寒的一年生草本品种和耐寒、耐热性优良的宿根草本品种。小花聚集盛开后，将整个空间填满。

野甘蓝
十字花科　一年生草本　高广
观赏期 11月~第 2 年4月
高度 15~50cm　叶色 ●●◐

品种多样，有羽衣状的、光面的、黑色的和迷你型的。艳丽如花，非常适合用于冬季混栽。

三色堇

堇菜科　一年生草本　茂

花期　11月中旬~第2年5月

高度　10~50cm　花色 ◑◐○●

颜色丰富，耐寒性强且容易生长。可以将它与高型花朵组合起来，营造立体感，或者与小花组合营造平衡感。

堇菜

堇菜科　一年生草本　茂

花期　11月中旬~第2年5月

高度　10~50cm　花色 ●●●○

比三色堇的花朵小，即使在花朵稀少的冬季也能开花。花形和花色种类繁多，花期长也是其魅力所在。

小金雀花

豆科　灌木　茂

花期　4~5月

高度　15~100cm　花色 ●

明亮的黄色花朵呈穗状花序密集绽放。鲜艳的色彩是其亮点，可以将其与不同形状的花朵搭配，使其更加醒目。

矾根

虎耳草科　多年生草本　广

观赏期　3~11月

高度　20~30cm　叶色 ●●●●

代表性的彩叶植物。叶色多样，观赏期长，在混栽中更添一抹亮彩。穗状花序从5月开到7月。

报春花

报春花科　一年生草本　广

花期　12月~第2年3月

高度　10~30cm　花色 ●●●○

最近，出现了雅致颜色品种和彩色品种。除了与传统报春花相似的形状外，还有如玫瑰般盛开的品种。开花期间要注意不能缺水。

樱草

报春花科　一年生草本　高

花期　1~4月

高度　10~30cm　花色 ●●○

可以在早春观赏大量盛开的花朵。有小花品种和大花品种，大花品种花色丰富。通过摘残花，可以预防病害。

法国薰衣草

唇形科　灌木　高

花期　3月下旬~5月

高度　40~60cm　花色 ●○○

花穗尖端的叶子像兔子耳朵一样漂亮。也是一种银叶花材。摘去下部叶子以防止闷热并改善通风状况。

秋海棠

秋海棠科　多年生草本　广

花期　5~11月

高度　15~40cm　花色 ●●●○

种类很多，其中虎克四季秋海棠品种虽小，但因为花色鲜艳，在混栽中可搭配各种植物。

矮牵牛

茄科　一年生或多年生草本　茂 广

花期　4~12月

高度　20~50cm　花色 ●●○●

单瓣、重瓣、小花等品种繁多，花色丰富，在混栽花材中广受欢迎。要认真进行摘残花管理工作。

五星花
茜草科　灌木　高
花期　5 月下旬~ 11 月
高度　30~130cm　花色 ●●◐○

星形的花朵聚集绽放。耐热性极强，从春季开花到秋季，所以可以长时间观赏，这很有吸引力。建议搭配不同花形的花。

木茼蒿
菊科　灌木　高广
花期　12 月~第 2 年 6 月
高度　20~120cm　花色 ○◐ ○

有很多种花色可供选择，有自然感十足的，也有雅致的。与赤陶花盆和木制花盆最相匹配，能够突显花朵的姿态。

万寿菊
菊科　一年生草本　茂
花期　5 月中旬 ~11 月
高度　15~90cm　花色 ●●◐

花色从鲜艳的黄色到橙色都有，在混栽中有提亮的效果，使整个混栽绚丽夺目。如果在夏季修剪一半，能让其在秋季开花。

微型月季
蔷薇科　灌木　高广
花期　5 月中旬 ~6 月上旬、6 月下旬 ~11 月
高度　10~100cm　花色 ●●○

除了柔和的色调，还有紫色、棕色和黑色等雅致的颜色可供选择。虽然花小，但也能演绎出华丽的效果。摘残花后，可以在很短的时间内不断绽放。

花毛茛
毛茛科　球根植物　高
花期　3~5 月
高度　30~50cm　花色 ○◐● ●

重叠的花瓣很漂亮，而且体积大，存在感强。如果与单色或柔和的颜色搭配在一起，就能打造一个带有浓烈春季气息的混栽。

马缨丹
马鞭草科　灌木　茂广
花期　4 月中旬 ~11 月中旬
高度　20~200cm　花色 ●●◐○

小花呈线球状绽放，花色变化不断。有灌木和匍匐品种。叶子上有斑点的品种还可以在没有花的情况下供人观赏。

金光菊
菊科　一年生、二年生或多年生草本　高
花期　7~10 月
高度　30~100cm　花色 ○◐●○

有鲜艳的黄色、橙色和雅致的巧克力色花朵，花朵的大小各不相同。由于有耐热性，因此非常适合作为夏季混栽的主花材。

羽扇豆
豆科　一年生、二年生或多年生草本　高
花期　4 月下旬 ~6 月
高度　20~150cm　花色 ●●●○

向天空生长的花形姿态拔群。与矮花植物组合显得十分有个性。因为是高型植物，所以最好选用一个大花盆。

配花材推荐植物

我们在此推荐易作为配花材使用的植物。它们与主花材相似的花朵和形状不同的叶子搭配起来，可以突显主花材。

筋骨草
唇形科　多年生草本　茂
观赏期 全年
高度 15~20cm　叶色 ●●●◐

在春季开出蓝紫色、白色等穗状花，但最吸引人的还是彩色叶子。叶子有深紫色、浅粉色和复色等。

香雪球
十字花科　一年生草本　亜
花期 11 月~第 2 年 5 月
高度 5~15cm　花色 ○◐●●

小花聚集在一起，盛开的样子给人温柔的印象。适于搭配任何花材，非常适合作为配花材。

屈曲花
十字花科　一年生或多年生草本　广
花期 3 月中旬 ~5 月中旬
高度 15~50cm　花色 ○◐●

小花聚集，开花后可以覆盖整个植株。给人可爱但不显眼的印象，和任何花都很相配。不耐闷热，所以通风条件要好。

钩穗薹
莎草科　多年生草本　广
观赏期 全年
高度 20~30cm　叶色 ●◐●

流行的装饰植物之一。有一定的耐热性和耐寒性，购买容易。细长的叶形还可以打造混栽的流动感。

牛至
唇形科　多年生草本　广
观赏期 4~10 月
高度 30~90cm　叶色 ◐●●

叶色有绿色、杂斑黄色、紫色、粉红色等多种。虽然耐寒，但不耐高温多湿，所以注意不要置于闷热的环境。

锦竹草
鸭跖草科　多年生草本　亜
观赏期 全年
高度 10~60cm　叶色 ◐◐●

小叶重叠。有柠檬绿色和粉红色等叶色，用来掩盖花盆的边缘会给人一种可爱的印象。

舞春花
茄科　一年生或多年生草本　茂
花期 4~11 月
高度 10~30cm　花色 ●●◐●●

花色繁多，从粉红色、黄色等鲜艳的颜色到棕色和复色等沉稳的颜色都有。能连续开花是其魅力所在。

帚石南
杜鹃花科　灌木　广
花期 6~9 月
高度 10~60cm　花色 ●●○

特点是小花附在枝条上，看起来像花穗。作为像针叶树一样茂密的植株，能够突显主花材。

薹草
莎草科　宿根草本　广
观赏期 3~11 月
高度 20~120cm　叶色 ◐◐●●

薄、长、尖的叶子在混栽时易打造出动感。叶色有棕色、杂斑奶油色和灰绿色。

活血丹

唇形科　多年生草本　垂广

观赏期 4~11 月

高度 10~20cm　叶色 ◐◑●

在长茎上有很多小叶子。有些品种有白斑，有些品种有白边。让其从花盆里垂出来，能打造出立体感。

三叶草

豆科　多年生草本　广

观赏期 3~5 月、10~12 月

高度 10~20cm　叶色 ◐●●

有铜叶、黑叶、白斑等多种品种，易与任何植物搭配。4~6月开花，花朵也很漂亮。

羽衣甘蓝

十字花科　二年生草本　高广

观赏期 11 月 ~ 第 2 年 2 月上旬

高度 30~90cm　叶色 ●◐●

有如卷心菜般的圆叶，还有皱叶等叶形，有绿色、银绿色、紫色等多种叶色。种植时要小心甘蓝夜蛾。

老鹳草

牻牛儿苗科　多年生草本　广

花期 4~6 月

高度 40~60cm　花色 ●◐○

有紫色或蓝紫色等沉稳的花色，是风格雅致混栽的最佳配花材。地下有很多粗根，所以花盆越大越好。

黑龙沿阶草

天门冬科　多年生草本　广

观赏期 全年

高度 20cm 左右　叶色 ●

一种常绿观叶植物，叶色为特有的黑褐色。混栽时，长叶有一种流动感。

小米空木

蔷薇科　灌木　高

观赏期 4~11 月

高度 40~100cm　叶色 ◑●◐

叶色有柠檬绿色、杂斑等，有提亮混栽的效果。因为叶子会变红，所以可以观赏到叶子颜色的变化。

撒尔维亚

唇形科　多年生草本　广

观赏期 全年

高度 30~100cm　叶色 ●◐●

又叫欧鼠草，一些品种有黄色杂斑，或是绿叶上带有白色和红紫色的杂斑，一些品种有紫色的叶子。推荐用来营造自然感。

西方毛地黄

玄参科　多年生草本　高

花期 7~9 月

高度 50cm 左右　花色 ◑◑

原种为毛地黄。附有许多小的钟形花。叶子细长，有光泽，呈放射状扩展。耐寒性强。

瓜叶菊

菊科　一年生草本　茂

花期 1~4 月

高度 20~60cm　花色 ◑

除了深橙色以外，还有很多花色，可以说是花色繁多且色彩艳丽。用在冬季混栽中可以给人一种华丽感。

粉花绣线菊

蔷薇科　灌木　广
观赏期 4~11 月
高度 50~100cm　叶色 ●●◐

有深绿叶色的品种，也有叶色可以从橙
色变为石灰绿色的品种，以及大叶品
种。在混栽中用作观叶植物。

蝇子草

石竹科　一年生或多年生草本　灌木　广亚
花期 5~8 月
高度 5~120cm　花色 ●●○

品种繁多。有心形花瓣的品种，也有小
花聚集形成球体的品种。在混栽中做前
景时，矮化品种是亮点。

银叶菊

菊科　多年生草本　广
观赏期 11 月 ~第 2 年 5 月
高度 15~40cm　叶色 ●

一种典型的银叶植物，其叶面被白色短
毛覆盖。抗寒性强，十分适合用来衬托
冬季混栽的色泽和亮度。

厚皮菜

苋科　一年生草本　广
观赏期 5 月 ~11 月上旬
高度 20~30cm　叶色 ●●

也被称为甜菜，是一种蔬菜。叶子有光
泽，叶柄颜色繁多，如黄色等。一年四
季都能买到苗木，用于混栽十分便利。

百里香

唇形科　灌木　茂
观赏期 全年
高度 15~30cm　叶色 ●●●

有直立型和垂感型的品种，前者在混栽
中可以突显其直立的姿态。后者可以让
其从花盆中垂下。

平铺白珠树

杜鹃花科　灌木　茂
观赏期 11 月 ~第 2 年 3 月
高度 10~20cm　果色 ●○

由于能在冬季结出红色和粉红色的果
实，非常适合用在圣诞节和新年的混栽
中。可以将其悬挂在花盆的边缘，成为
混栽的亮点。

扶芳藤

卫矛科　灌木　高
观赏期 全年
高度 15cm 以上　叶色 ●●◐

特点是椭圆形叶极有光泽。混栽通常选
择有黄色和深红色叶色的品种。通过藤
蔓伸展生长。

马蹄金

旋花科　多年生草本　垂
观赏期 全年
高度 3~10cm　叶色 ●●

心形的叶子密集地附着在长茎上。绿叶
型为耐阴品种，银叶型推荐作为混栽的
亮点。

雁来红

苋科　一年生草本　广
观赏期 8 月下旬 ~11 月
高度 20~100cm　叶色 ●●

强烈的色彩和动感的外观具有出色的冲
击力。到了秋季，叶色会逐渐变得明
显。非常适合作为秋季混栽的花材。

雪朵花

玄参科　多年生草本　茂

花期 11 月 ~ 第 2 年 4 月

高度 10cm 左右　花色 ○●●

植株茂盛，花小。冬季花朵稀少时绽放的珍贵花朵之一。花和亮叶有提亮混栽的效果。

多花素馨

木犀科　灌木　亜

观赏期 全年

高度 30cm 以上　叶色 ●●

因为是藤蔓型的，可以增加混栽的动感，推荐用于混栽。有些叶子有浅黄色斑点。白色的小花和香味也很吸引人。

薜荔

桑科　灌木　亜

观赏期 全年

高度 20~30cm　叶色 ●○

光滑的绿叶中带着白色和奶油色，是一种受欢迎的观叶植物。混栽时，利用其悬垂性，让枝条从花盆边垂下。

鹅河菊

菊科　一年生或多年生草本　广

花期 3~11 月

高度 10~30cm　花色 ○●●

娇嫩的花瓣清爽漂亮。花期较长，建议用作夏季混栽。不耐闷热，所以在雨季之前要进行修剪。

长阶花

车前科　灌木　高广

观赏期 全年

高度 50~60cm　叶色 ●●

有些品种的叶子边缘是奶油色或紫色。直立的枝叶很适合用于混栽。此外，叶子的颜色在冬季会发生变化。

常春藤

五加科　灌木　亜

观赏期 全年

高度 15cm 以上　叶色 ●●●●

彩叶植物的代表品种。品种繁多，有白色或黄色的。善用其藤蔓就能打造出动态混栽。

花葱

花葱科　多年生草本　茂

观赏期 全年

高度 10~60cm　叶色 ●●●

叶子像蕨类植物一样为羽状，有复色叶和铜叶，作为彩叶植物十分受欢迎。初夏时开蓝色、紫色、粉红色等色的小花。

泽兰

菊科　多年生草本　高广

观赏期 4~11 月

高度 30~100cm　叶色 ●●●

耐寒性和耐热性强，易生长，有复色叶，也有深绿色叶，是最常用的彩叶植物。

大戟

大戟科　一年生或多年生草本、灌木　茂

观赏期 全年

高度 10~100cm　叶色 ●●●●

品种繁多，从一年生草本植物到多年生草本植物都有。在混栽中，推荐使用通奶草和柏大戟。

欧洲葡萄

葡萄科 灌木 耐 广
观赏期 4~11 月
高度 50cm 以上 叶色 ●◐■

其叶子像葡萄一样有缺口，很特别。叶子是雅致的青铜绿色，到了秋季会变成红色，还可以观赏到小果子。

野芝麻

唇形科 宿根草本 广
观赏期 4~11 月
高度 10~20cm 叶色 ◐○

其叶子形似一片小紫苏叶。有金色、杂斑和银白色等品种。在茂盛型混栽中可用于装饰基部。在炎热多湿的季节要保证通风状况良好。

珍珠菜

报春花科 多年生草本 耐 广
观赏期 全年
高度 5~15cm 叶色 ●◐■

有许多类型的叶色，包括石灰色、深绿色和深棕色。可以让叶子覆盖基部或将其垂在花盆外。

红脉酸模

蓼科 多年生草本 广
观赏期 全年
高度 15~30cm 叶色 ◐●

绿叶红脉的反差十分美丽。如果主花材的颜色与叶脉的颜色相匹配就更好了。小心干燥和蛞蝓。

百脉根

豆科 宿根草本 广
观赏期 全年
高度 20~70cm 叶色 ●○○

经常使用的品种为硬毛百脉根。叶子蓬松，颜色从枝尖的浅黄色渐变为叶子的绿色，十分美丽。

忍冬

忍冬科 灌木 广
观赏期 全年
高度 20~60cm 叶色 ●◐○

叶色多种多样，明快闪亮的叶子是混栽的一抹亮彩。枝条柔软，更添轻快感。

彩桃木

桃金娘科 灌木 高
观赏期 全年
高度 30~150cm 叶色 ●◐■

密集生长着圆形的小叶。在混栽中流行的品种有斑叶的魔法龙和巧克力色叶子的凯瑟琳。

千叶兰

蓼科 灌木 耐
观赏期 全年
高度 5~30cm 叶色 ●◐

一根细针状的藤蔓，密密麻麻地附着小圆叶。斑叶品种形态轻盈，并且有提亮混栽的效果。

野草莓

蔷薇科 多年生草本 广
观赏期 全年
高度 10~20cm 叶色 ●◐○

可观赏花、叶和果实的植物。叶子有带有奶油色斑点的深绿色品种和石灰绿色品种，可以作为彩叶使用。

植物名索引

索引中列出了第二至五章中的主要植物名称。作为主花材使用的植物用黑色字书写，作为配花材使用的植物用蓝色字书写。此外，也作为配花材使用的主花材，在作为主花材使用时，页码以粗体显示。

关于混栽植物，植物和花的组合无限多，很多人觉得不知道从何下手。但在这本书中，你可以先确定主花材，然后确定要创造什么类型或形象，由此选择配花材。这样一来，就可以很容易地搭配出喜欢的混栽植物。本书中介绍的主要花卉都是大家熟悉的，在大多数园艺商店都能找到。有关混栽的想法多种多样，如使用相近的类比色或相反的补色，或使用花环和悬挂的植物，请以本书中的示例为指导，观赏你的植物。

本书是一本涵盖家庭常见花卉植物相关知识的园艺书籍，适合广大花卉园艺爱好者阅读参考。

HANA NO YOSEUE SHUYAKU NO HANA GA HIKITATSU KUMIAWASE

Copyright © 2021 by K. K. Ikeda Shoten

All right reserved

Photos byTsutomu TANAKA

Interior design by Yukie KAMAUCHI, Naoko IGARASHI (GRiD)

First published in Japan in 2021 by IKEDA Publishing Co., Ltd.

Simplified Chinese translation rights arranged with PHP Institute, Inc.through Shanghai To-Asia Culture Co., Ltd.

This edition is authorized for sale in the Chinese mainland (excluding Hong Kong SAR, Macao SAR and Taiwan)

此版本仅限在中国大陆地区（不包括香港、澳门特别行政区及台湾地区）销售。未经出版者书面许可，不得以任何方式抄袭、复制或节录本书中的任何部分。

北京市版权局著作权合同登记　图字：01-2022-3121号。

原　　书

摄　　影　田中勉

设　　计　GRiD（釜内由纪江、五十岚奈央子）

原稿制作　新井大介、斋藤绫子

校　　正　斋藤绫子、聚珍社

编　　辑　新井大介

图书在版编目（CIP）数据

四季花草混栽205例 / 日本尾崎花卉园编；于蓉蓉译. -- 北京：机械工业出版社，2024. 8. -- ISBN 978-7-111-75992-8

Ⅰ．S68

中国国家版本馆CIP数据核字第2024TW5653号

机械工业出版社（北京市百万庄大街22号　邮政编码100037）

策划编辑：高　伟　周晓伟　　责任编辑：高　伟　周晓伟　刘　源

责任校对：王荣庆　牟丽英　　责任印制：单爱军

保定市中画美凯印刷有限公司印刷

2024年8月第1版第1次印刷

182mm×257mm·10印张·2插页·222千字

标准书号：ISBN 978-7-111-75992-8

定价：69.80元

电话服务　　　　　　　　　　网络服务

客服电话：010-88361066　　机　工　官　网：www.cmpbook.com

　　　　　010-88379833　　机　工　官　博：weibo. com/cmp1952

　　　　　010-68326294　　金　书　网：www. golden-book. com

封底无防伪标均为盗版　　机工教育服务网：www.cmpedu.com